AutoCAD
上机指导与训练

李 琴 吴兴欢 孟少明 主编
彭勇军 主审

化学工业出版社

·北京·

内 容 简 介

本书讲述了AutoCAD计算机绘图软件的基本操作、二维图形的绘制与编辑、三维实体图的绘制与编辑等，共分6个项目、16个任务，具体包括AutoCAD基本操作、简单平面图形的绘制、复杂平面图形的绘制、工程零件图的绘制、参数化绘图、AutoCAD简单零件三维建模等。书中通过完成相关任务的教学介绍相关知识，在每个教学任务后配有丰富的技能强化训练题，同时在部分重要知识点及强化训练中嵌入视频二维码，便于读者理解、学习、训练。

本书可作为职业院校AutoCAD教学用教材，也可作为AutoCAD职业技能培训教材，还可供从事相关工作的工程技术人员自学使用。

图书在版编目（CIP）数据

AutoCAD上机指导与训练/李琴，吴兴欢，孟少明主编.—北京：化学工业出版社，2022.9
ISBN 978-7-122-42112-8

Ⅰ.①A… Ⅱ.①李… ②吴… ③孟… Ⅲ.①AutoCAD软件–教材 Ⅳ.①TP391.72

中国版本图书馆CIP数据核字（2022）第162468号

责任编辑：韩庆利　　　　　　　　　　　　装帧设计：王晓宇
责任校对：田睿涵

出版发行：化学工业出版社（北京市东城区青年湖南街13号　邮政编码100011）
印　　装：中煤（北京）印务有限公司
787mm×1092mm　1/16　印张13$\frac{1}{4}$　字数308千字　2022年12月北京第1版第1次印刷

购书咨询：010-64518888　　　　　　　　售后服务：010-64518899
网　　址：http://www.cip.com.cn
凡购买本书，如有缺损质量问题，本社销售中心负责调换。

定　价：49.00元　　　　　　　　　　　　　　　　　　　　　版权所有　违者必究

PRE FACE 前　言

　　为了满足 AutoCAD 版本更新与学校课程教学的需要，我们结合多年的教学实践经验编写了本书。本书坚持实用的原则来组织内容，采用"项目-任务"结构编写，通过6个项目16个教学任务的实施，由浅入深、循序渐进地介绍了AutoCAD计算机绘图软件的基本操作、二维图形的绘制与编辑、图块、文字与表格、尺寸标注、辅助绘图工具、工程零件图绘制、参数化绘图、三维实体图绘制与编辑等内容。

　　本书的具体特色如下：

　　1. 采用活页式教材形式，重点突出以任务驱动的形式组织教学，全书精选了16个任务，对每个任务进行细致讲解，并在每个任务后适当讲解相关理论知识进行知识扩展。

　　2. 突出素质教育，重点培养学生严肃认真的工作态度，精益求精、自主创新的工匠精神，提高学习者的职业素养。

　　3. 内容安排遵循职业教育学生学习特点，内容以"实用、够用"为原则，各任务由易到难，命令输入方式由选项板、工具栏选取工具为主到命令行输入命令为辅。

　　4. 每个任务后安排有强化训练题，训练题选取科学，涵盖了所有应会知识点，在教会学生实用技能的同时，有效减轻了学生负担。

　　5. 力求反映职业教育的特点，突出互联网+教育，针对部分重、难点知识及强化训练题设置了二维码，使用者可以扫描观看，方便读者理解相关知识，更深入地进行学习。

　　6. 选用的AutoCAD版本为AutoCAD 2021，同样适用于AutoCAD 2014以后的各版本。

　　本书由湖南化工职业技术学院李琴、吴兴欢和孟少明主编，李红秀、冯修燕、张军、赖春明参编，全书由李琴统稿。中车株洲电力机车有限公司彭勇军高级工程师对本书进行了认真细致的审阅，并提出了许多宝贵意见和建议，在此谨表衷心感谢。

　　尽管编者在写作过程中力求精益求精，但疏漏之处仍然在所难免，诚请各位老师和广大读者批评指正。

编者

目 录
CONTENTS

项目1　AutoCAD基本操作 ········001

任务1　AutoCAD工作界面认识与操作 ········002
学习任务单 ········002
知识链接 ········003
一、AutoCAD的启动方式 ········003
二、AutoCAD工作界面 ········003
三、工作空间设置 ········004
任务实施单 ········007
强化训练 ········009

任务2　绘图环境设置 ········011
学习任务单 ········011
知识链接 ········012
一、图形文件的基本操作 ········012
二、绘图区的背景色设置 ········015
三、图形测量值的类型、精度及单位设置 ········016
四、图形界限设置 ········016
任务实施单 ········017
强化训练 ········019

项目2　简单平面图形的绘制 ········021

任务1　用直线命令绘制图形 ········022
学习任务单 ········022
知识链接 ········023
一、点的输入方式 ········023
二、调用命令的方法 ········024
三、使用辅助绘图工具精确绘图 ········024

  四、图形显示控制 027
  五、绘制直线 028
  六、绘制构造线 028
  七、修剪图形 029
  八、延伸图形 029
  任务实施单 031
  强化训练 033

任务2 利用圆、圆弧命令绘制图形 037
  学习任务单 037
  知识链接 038
  一、图形对象的选择 038
  二、图形对象的删除 039
  三、圆的绘制 039
  四、圆弧的绘制 039
  五、点、定距与定数等分 041
  六、图案填充 043
  七、镜像图形 044
  八、复制图形 044
  九、偏移图形 044
  十、移动图形 045
  任务实施单 047
  强化训练 049

任务3 利用矩形、正多边形、阵列等绘图与修改命令绘制平面图形 053
  学习任务单 053
  知识链接 054
  一、绘制矩形 054
  二、绘制正多边形 054
  三、绘制多段线 055
  四、绘制椭圆 055
  五、绘制圆环 056
  六、阵列图形 056
  七、打断图形 058
  八、缩放图形 058
  九、旋转图形 059
  十、圆角 059
  十一、倒角 059
  任务实施单 061
  强化训练 063

项目3　复杂平面图形的绘制 ·········069

任务1　槽轮绘制 ·········070
学习任务单 ·········070
知识链接 ·········071
一、图层创建与管理 ·········071
二、"非连续型"线型比例因子修改 ·········074
三、拉伸 ·········075
四、拉长 ·········075
任务实施单 ·········077
强化训练 ·········079

任务2　吊钩绘制 ·········081
学习任务单 ·········081
知识链接 ·········082
一、夹点 ·········082
二、标注 ·········082
任务实施单 ·········089
强化训练 ·········091

项目4　工程零件图的绘制 ·········095

任务1　轴类零件图的绘制 ·········096
学习任务单 ·········096
知识链接 ·········097
一、样条曲线 ·········097
二、图块 ·········097
三、外部参照 ·········102
四、文本 ·········103
五、尺寸公差标注 ·········107
任务实施单 ·········109
强化训练 ·········111

任务2　盘类零件的绘制 ·········113
学习任务单 ·········113
知识链接 ·········114
一、表格 ·········114
二、几何公差标注 ·········117
三、快速引线（QLEADER） ·········118
四、多重引线 ·········120
任务实施单 ·········123

强化训练 ··· 125
任务3　叉架类零件的绘制 ·· 130
　　学习任务单 ·· 130
　　知识链接 ··· 131
　　一、对象"特性"与"快捷特性" ······································ 131
　　二、对象"特性匹配" ··· 132
　　任务实施单 ·· 135
　　强化训练 ··· 139

项目5　参数化绘图 ·· 141

任务1　几何约束 ·· 142
　　学习任务单 ·· 142
　　知识链接 ··· 143
　　一、添加几何约束 ·· 143
　　二、编辑几何约束 ·· 144
　　三、修改已添加几何约束的对象 ····································· 144
　　任务实施单 ·· 145
　　强化训练 ··· 147
任务2　尺寸约束 ·· 148
　　学习任务单 ·· 148
　　知识链接 ··· 149
　　一、添加尺寸约束 ·· 149
　　二、编辑尺寸约束 ·· 149
　　任务实施单 ·· 151
　　强化训练 ··· 153

项目6　AutoCAD简单零件三维建模 ···················· 155

任务1　三通管道建模 ··· 156
　　学习任务单 ·· 156
　　知识链接 ··· 157
　　一、三维工作空间的切换和常用的三维工具栏 ·················· 157
　　二、三维动态观察 ·· 157
　　三、视觉样式 ·· 158
　　四、创建三维坐标系和用户自定义坐标系 ························ 159
　　五、基本实体的绘制 ··· 161
　　六、布尔运算 ·· 163
　　七、拉伸创建实体 ·· 164
　　任务实施单 ·· 167

强化训练 ··· 169
任务2　茶壶建模 ··· 171
　　学习任务单 ··· 171
　　知识链接 ··· 172
　　一、创建面域 ··· 172
　　二、旋转创建实体 ··· 172
　　三、放样创建实体 ··· 173
　　任务实施单 ··· 175
　　强化训练 ··· 177
任务3　弯头建模 ··· 179
　　学习任务单 ··· 179
　　知识链接 ··· 180
　　一、扫掠创建实体 ··· 180
　　二、实体倒角 ··· 180
　　三、实体圆角 ··· 181
　　四、三维对齐 ··· 182
　　五、三维阵列 ··· 183
　　六、三维旋转 ··· 183
　　七、三维镜像 ··· 184
　　任务实施单 ··· 185
　　强化训练 ··· 187
任务4　轴承座建模 ··· 189
　　学习任务单 ··· 189
　　知识链接 ··· 190
　　一、剖切 ··· 190
　　二、截面 ··· 191
　　三、截面平面 ··· 191
　　四、抽壳 ··· 192
　　任务实施单 ··· 195
　　强化训练 ··· 197

附录 ·· 199

参考文献 ·· 203

项目1
AutoCAD 基本操作

知识目标

- ◆ 熟悉 AutoCAD 的操作界面，掌握新建图形文件的方法；
- ◆ 掌握图形对象的基本操作，能够根据绘图需要缩放和平移视图；
- ◆ 了解点的坐标输入方法，掌握命令的执行方法和辅助绘图工具的功能；
- ◆ 了解栅格，绘图单位的设置。

素质目标

- ◆ 介绍 CAD 的发展史，在二次开发的基础上，部分顶尖的国内 CAD 开发商也逐渐探索出适合中国发展和需求模式的 CAD，开发出更加符合国内企业使用的 CAD 产品，甚至能为全球提供最优的 CAD 技术，培养学生的家国情怀与民族自信，激起学生的爱国热情，树立为中华复兴而学习的责任和担当；
- ◆ 上机训练中建立课堂互助小组，引导学生之间传、帮、带，培养学生的团队意识和互助精神；
- ◆ 上机结束后键盘、鼠标、显示器要归位，整齐摆放，桌面不留垃圾，养成整理、清洁的好习惯及良好的职业素养。

任务1　AutoCAD工作界面认识与操作

学习任务单

任务名称	AutoCAD工作界面的调整
任务描述	将AutoCAD默认工作界面调整为图1-1-1所示 图1-1-1　调整后的AutoCAD工作界面
任务分析	将调整后的工作界面与默认工作界面相比较，主要的操作有：隐藏功能区；添加"菜单栏"；调出早期版本默认工具栏

> 知识链接

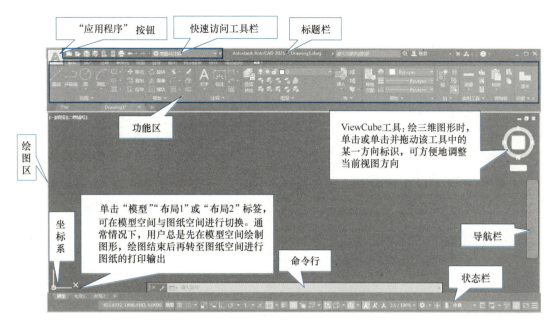

图 1-1-2　AutoCAD 默认工作界面

认识软件

一、AutoCAD 的启动方式

常用的启动方式主要有以下两种：

- 左键双击桌面上的 AutoCAD 快捷图标 A；
- 执行"开始"→"所有程序"→"Autodesk"→"AutoCAD-简体中文（Simplified Chinese）"命令。

二、AutoCAD 工作界面

正常启动 AutoCAD 应用程序后可看到如图 1-1-2 所示的工作界面。界面从上到下包含"应用程序"按钮、快速访问工具栏、标题栏、功能区、绘图区、ViewCube 工具、导航栏、命令行、状态栏等。

"应用程序"按钮：单击该按钮，利用弹出的下拉菜单中的相关选项，可对文件进行新建、打开、保存、输出及打印等操作。

功能区：功能区包含选项卡和面板。AutoCAD 中的大部分命令以按钮的形式分类显示在功能区的不同选项卡中，如"默认"选项卡、"插入"选项卡等。单击某个选项卡标签，可切换到该选项卡。在每个选项卡中，命令按钮又被分类放置在不同面板中，图 1-1-3 所示为"默认"选项卡下显示的"绘图""修改""注释""图层""块""特性""组""实用工具""剪贴板""视图"等面板，每个面板包含若干工具。"绘图"面板包含用于创建对象的工具，如"直线""圆"和"椭圆"，如图 1-1-4 所示；"修改"面板包含用于修改对象的工具，如"移动""复制"和"旋转"，如图 1-1-5 所示。把鼠标指针悬停到某个工具按钮上会显示相应的功能提示，单击工具按钮即可执行相应的命令。

图1-1-3　功能区界面

图1-1-4　"绘图"面板

图1-1-5　"修改"面板

绘图区：绘图区是绘图时的工作区域，类似于手工绘图时的图纸，默认图形界限为A3（420×297），用户可自定图形界限大小。绘图区除了显示图形外，通常还会显示坐标系和十字光标。

命令行：命令行用于输入命令的名称及参数，并显示当前所执行命令的提示信息。按住命令行的最左端并拖动，可以调整其位置。单击右边的 × 可删除命令行，快捷键［Ctrl+9］，可控制是否显示命令行。

状态栏：状态栏位于AutoCAD操作界面的最下方，主要显示绘图的相关设置，如打开或关闭极轴追踪、对象捕捉、对象捕捉追踪等用于精确绘制的相关功能，如图1-1-6所示。默认情况下，状态栏中不会显示所有开关，用户可单击状态栏最右侧的"自定义"按钮 ≡，在弹出的列表中根据需要进行设置，已在状态栏中显示的开关，列表中该开关名称前有√标识，如图1-1-7所示。

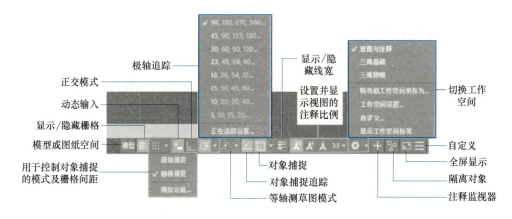

图1-1-6　状态栏

三、工作空间设置

在AutoCAD中，系统默认定义了3个工作空间，分别是草图与注释（用于绘制二维平面图形)、三维基础(用于三维实体建模)和三维建模(用于三维实体、曲面及网格建模)。要切换工作空间,可单击状态栏中的"切换工作空间"按钮 ✱ ▾ ,在弹出的下拉列表中选择所需选项,如图1-1-8所示。

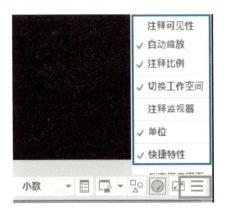

图1-1-7　状态栏自定义

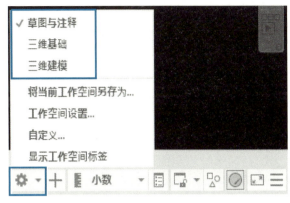

图1-1-8　切换工作空间

任务实施单

方法步骤	图示
步骤1 调出经典菜单栏 单击"快速访问区"工具栏右侧的按钮 ▼，在弹出的下拉菜单中单击"显示菜单栏"，如图1-1-9(a)所示	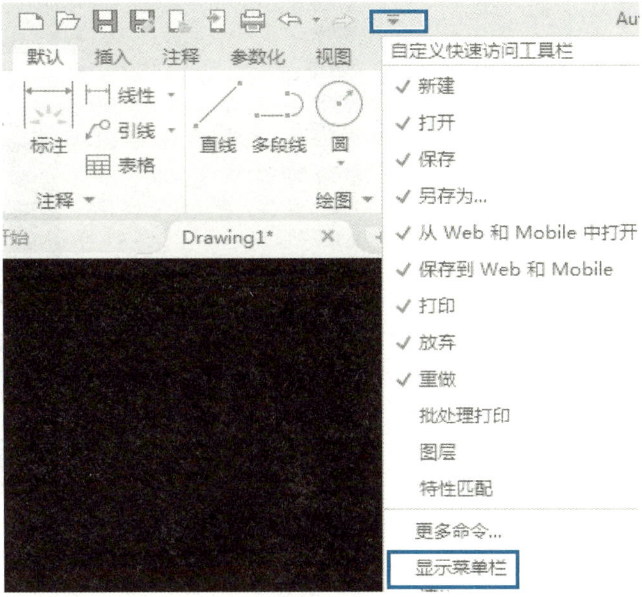 图1-1-9（a）
步骤2 隐藏功能区 单击"菜单栏"中的"工具→选项板→功能区"，如图1-1-9(b)所示	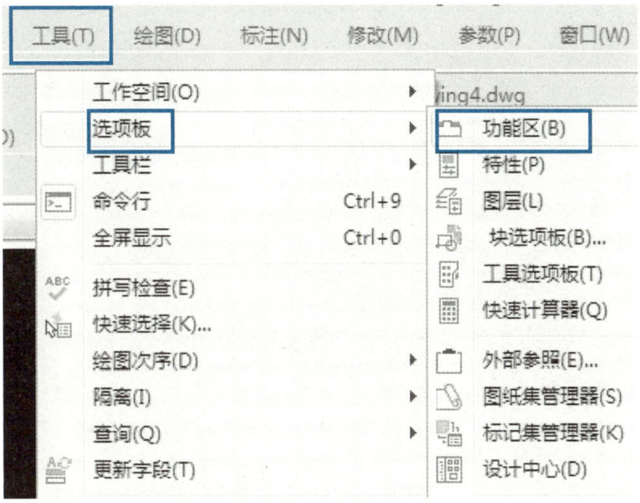 图1-1-9（b）

续表

方法步骤	图示
步骤3 调出早期版本"绘图""修改""标准""标注""图层"工具栏 单击"菜单栏"中的"工具→工具栏→AutoCAD",在弹出的下拉菜单中,单击"修改""绘图""标准""标注""图层",如图1-1-9(c)所示,最后将调出的工具栏移至合适的位置	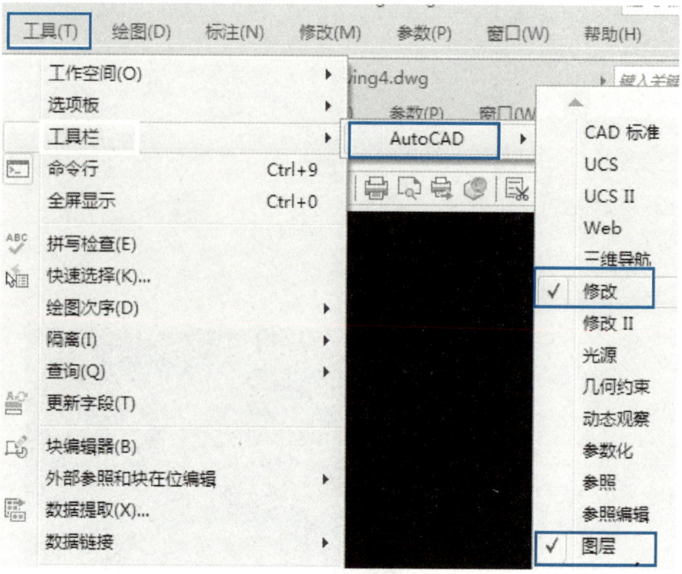 图1-1-9(c)

强化训练

序号	训练内容	操作提示
训练1	将工作空间切换到"三维建模"	单击状态栏中的"切换工作空间"按钮 ⚙▼
训练2	将功能区切换为"最小化为面板按钮",操作后的结果如图1-1-10所示: 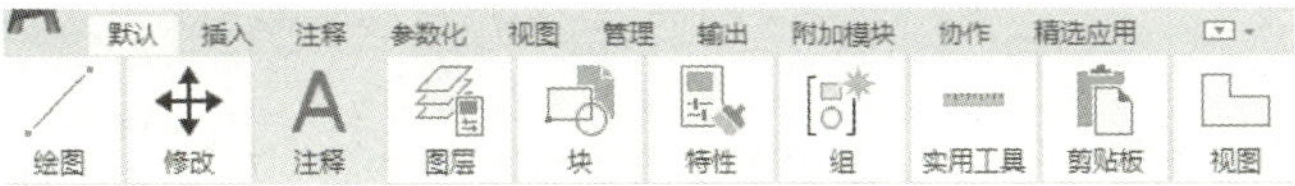 图1-1-10	单击功能区选项卡右侧 ▢▼ 按钮,在弹出的下拉菜单"最小化为面板按钮"前打"√"
训练3	先关闭命令行,再将其打开	快捷键[Ctrl+9]
训练4	将"工作空间"显示在"快速访问工具栏"处,并将"快速访问工具栏"移至功能区下方显示,操作后的结果如图1-1-11所示: 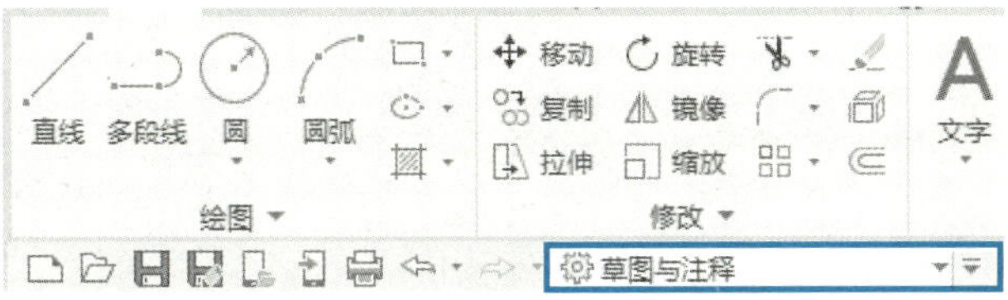 图1-1-11	单击快速访问工具栏右侧 ▼ 按钮,在弹出的下拉菜单"工作空间""在功能区下方显示"两项前打"√"

任务2　绘图环境设置

学习任务单

任务名称	设置AutoCAD绘图环境
任务描述	(1)运行AutoCAD软件，建立新模板文件，模板的图形界限是A2（594×420）； (2)设置绘图背景颜色为白色； (3)设置图形的长度单位为mm，类型为"分数"，精度为"0 1/8"；角度类型为"十进制数"，精度为小数点后两位； (4)将完成的图形以CAD1-1.dwg为文件名保存在D盘根目录下
任务分析	按要求完成图形界限大小设置；完成图形单位、精度设置；更换绘图区背景；按给定的文件名及路径保存文件

知识链接

一、图形文件的基本操作

图形文件的基本操作包括图形文件的新建、打开、保存及另存为等。

1. 创建图形文件

要绘制图形，首先必须新建一个图形文件。启动 AutoCAD 后即可打开"开始"界面，如图 1-2-1 所示，单击"开始绘制"图标，系统会自动创建一个名称为"Drawingl.dwg"的图形文件。

图 1-2-1 "开始"界面

除此之外，用户还可以通过以下几种方法来创建图形文件：

- 调出菜单栏后，执行"文件"→"新建"命令；
- 单击快速访问工具栏中的"新建"按钮 ；
- 单击"应用程序"按钮 ，在弹出的下拉菜单中执行"新建"命令；
- 在命令行输入 NEW 命令，然后按 Enter 键。

执行上述任意操作后，系统即打开"选择样板"对话框，如图 1-2-2 所示。

图形样板（.dwt）主要定义了图形的输出布局、图纸边框、标题栏，以及单位、图层和尺寸标注样式等。利用初始界面中的"开始绘制"按钮创建的文件采用的是"acad-iso.dwt"样板文件，该样板图形单位为公制（acad.dwt 与 acadiso.dwt 的区别是前者的图形单位为英寸）。用户可根据绘制图形的特点，选择合适的样板文件。在绘制机械图形时，一般选用"acadiso.dwt"样板文件。如果用户要使用自己设置的样板文件，只需将这些样板文件放在图 1-2-2 所示的"Template"文件夹中，然后在该对话框中选择所需样板文件即可。

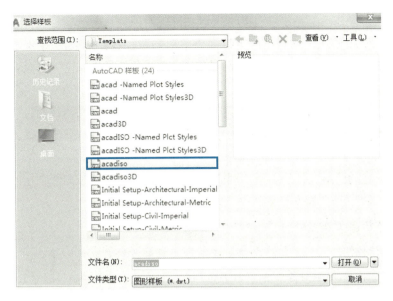

图1-2-2 "选择样板"对话框

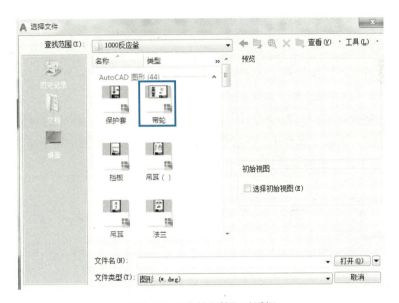

图1-2-3 "选择文件"对话框

2. 打开图形文件

启动 AutoCAD 2021后，在"开始"界面中单击"打开文件"选项按钮，在"选择文件"对话框中，选择所需要的图形文件即可打开。

用户还可以通过以下方式打开已有的图形文件：

- 调出菜单栏后，执行"文件"→"打开"命令；
- 单击快速访问工具栏中的"打开"按钮；
- 单击"应用程序"按钮，在弹出的下拉菜单中执行"打开"命令；
- 在命令行输入 OPEN 命令，然后按 Enter 键。

执行上述任意操作后,系统即打开"选择文件"对话框。在"选择文件"对话框中,单击"查找范围"下拉按钮,在弹出的下拉列表中根据路径找到需要的图形文件,如图1-2-3所示的"带轮",单击"带轮"图标,再"打开"按钮或双击"带轮"图标,即可打开图形文件。

AutoCAD支持同时打开多个文件,利用AutoCAD的这种多文档特性,用户可在打开的所有图形之间来回切换、修改、绘图,还可在图形之间复制和粘贴图形对象。

3. 保存图形文件

(1)保存新建的图形文件。通过下列方式可以保存新建的图形文件。

- 执行"文件"→"保存"命令;
- 单击快速访问工具栏中的"保存"按钮;
- 单击"应用程序"按钮,在弹出的下拉菜单中执行"保存"命令;
- 在命令行输入SAVE命令,然后按Enter键。

(2)图形换名保存。对于已保存的图形,可以更换名称保存为另一个图形文件。先打开该图形文件,然后通过下列任意方式进行另存为操作:

- 执行"文件"→"另存为"命令;
- 单击快速访问工具栏中的"另存为"按钮;
- 单击"应用程序"按钮,在弹出的下拉菜单中执行"另存为"命令;
- 在命令行输入SAVES命令,然后按Enter键。

执行上述任意操作后,系统即打开"图形另存为"对话框,如图1-2-4所示。在"图形另存为"对话框中,单击"保存于"下拉按钮,在弹出的下拉列表中指定文件保存路径,在"文件名"文本框中输入图形文件的名称,单击"保存"按钮。

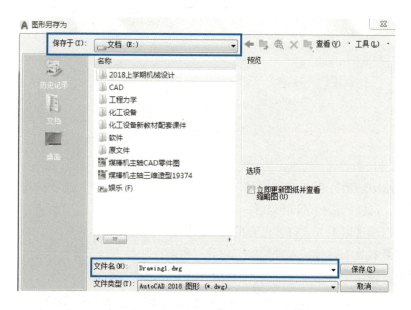

图1-2-4 "图形另存为"对话框

二、绘图区的背景色设置

在命令行或绘图区单击鼠标右键，在弹出的快捷菜单中选择"选项"菜单项，在打开的"选项"对话框中选择"显示"选项卡，如图 1-2-5 所示。

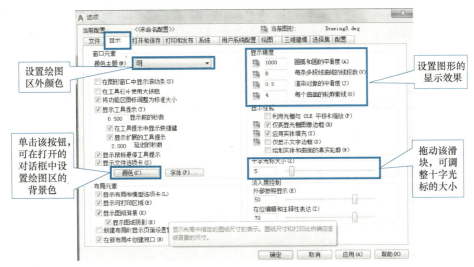

图 1-2-5 "选项"对话框

在图 1-2-5 所示的"选项"对话框中，单击"颜色主题"列表框，从弹出的下拉列表中选择"明"或"暗"选项，可改变除绘图区以外的其他区域的颜色；单击 颜色(C)... 按钮，弹出如图 1-2-6 所示的对话框，在对话框中，选择"二维模型空间"→"统一背景"选项，在"颜色"下拉列表中选择需要的背景色，如选择"白"选项，最后单击"应用并关

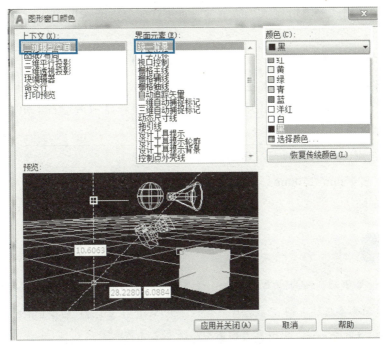

图 1-2-6 设置绘图区的背景色

项目1 AutoCAD基本操作

闭"按钮，即可更改二维模型空间绘图区的背景色为所选颜色。

三、图形测量值的类型、精度及单位设置

单击菜单栏"格式"→"单位"，或在命令行输入"un"并按回车键，弹出如图1-2-7所示的"图形单位"对话框，在对话框中可进行图形测量值的类型、精度及单位设置。设置完毕后，单击确定按钮。

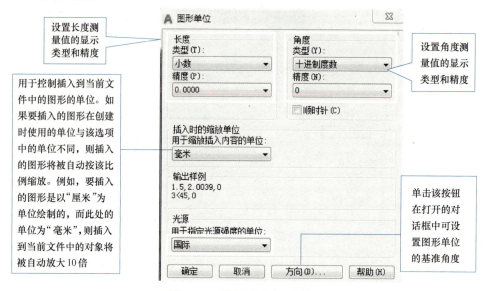

图1-2-7 "图形单位"对话框

四、图形界限设置

选择菜单栏"格式→图形界限"命令（或直接在命令行输入limits）。执行上述操作后，在命令行会提示：

指定左下角点或 ［开（ON）/关（OFF）］ <0.0000，0.0000>

按命令行的提示，用键盘输入左下角点的坐标（x，y）后按<回车>键确认，也可直接按Enter（回车）键默认左下角点的坐标为（0，0）。接着显示指定右上角点坐标（默认<420.0000，297.0000>）：

指定右上角点 <420.0000，297.0000>：297，210

以设置A4（297mm×210mm）图幅为例，输入右上角点的坐标（297，210）后，再按Enter（回车）键确认。

> **提示** !!!
>
> 图形界限设置完后，窗口中看不到任何设置结果，此时打开状态栏的"栅格显示"按钮，即可查看图形界限的范围。在命令行输入ZOOM命令（或Z）后按Enter（回车）键，再输入A，按Enter（回车）键，则所设置的图形界限可全屏显示。

任务实施单

方法步骤	图示
步骤1 设置图形界限并用全屏显示 （1）在命令行输入"limits"，按回车键，命令行提示如图1-2-8(a)所示； （2）设置左下角为默认值(0,0)，命令行提示如图1-2-8(b)所示； （3）根据命令行提示，输入右上角坐标(594,420)，按回车键	![](LIMITS 指定左下角点或 [开(ON) 关(OFF)] <0.0000,0.0000>:) 图1-2-8（a） ![](LIMITS 指定右上角点 <420.0000,297.0000>: 594,420) 图1-2-8（b）
步骤2 设置绘图区背景颜色为白色 （1）在命令行或绘图区按鼠标右键，在弹出的快捷菜单中选择"选项"菜单项； （2）打开"选项"对话框，如图1-2-8(c)所示，单击"显示"选项卡窗口中的"颜色"，打开图1-2-8(d)所示对话框，在此对话框右边"颜色"下拉菜单中选"白色"，再单击"应用并关闭"按钮	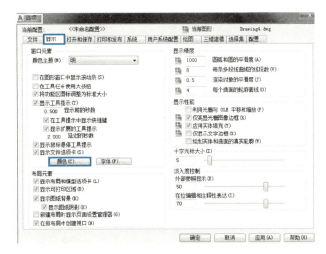 图1-2-8（c） 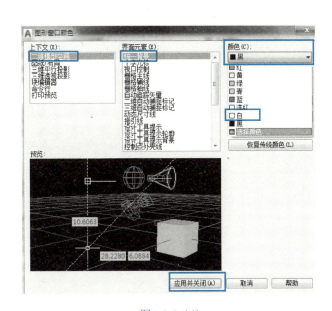 图1-2-8（d）

项目1 AutoCAD基本操作

续表

方法步骤	图示
步骤3 设置图形测量值的类型、精度及单位 执行菜单栏的"格式→单位"或在命令行输入"un"并按回车键,弹出如图1-2-8(e)所示对话框; 设置长度类型为分数,精度为"0 1/8"; 设置角度类型为"十进制数",精度为"0.00"; 单击"确定"按钮	 图1-2-8（e）
步骤4 按要求保存文件 (1)单击快速访问工具栏的 按钮,弹出如图1-2-8(f)所示对话框; (2)在对话框中,单击"保存于"下拉按钮,在弹出的下拉列表中指定文件保存路径为(D:); (3)在"文件名"文本框中输入图形文件的名称CAD1-1,单击"保存"按钮	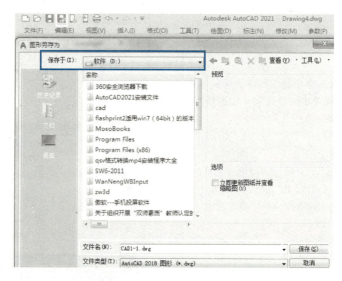 图1-2-8（f）

强化训练

序号	训练内容	操作提示
训练1	1. 运行AutoCAD软件，建立新模板文件，设置图形界限为A4（297×210），左下角为(0,0)。 2. 设置绘图背景颜色为白色，十字光标大小为18。 3. 设置图形的长度单位为mm，类型为"分数"，精度为"0 1/8"；角度类型为"十进制数"，精度为小数点后两位。 4. 将完成的图形以CAD1-1.dwg为文件名保存在D盘根目录下	训练1
训练2	1. 运行AutoCAD软件，建立新模板文件，设置图形界限为(100×100)，左下角为(0,0)。 2. 设置绘图背景颜色为蓝色，十字光标大小为10。 3. 设置图形的长度类型为科学，精度为"0.0E+01"；角度类型为"弧度"，精度为"0.0r"。 4. 将完成的图形以CAD1-2.dwg为文件名保存在D盘根目录下	训练2

项目2
简单平面图形的绘制

知识目标

◆ 掌握直线、多段线、构造线、圆、圆弧、矩形和正多边形等基本绘图命令的使用方法；
◆ 掌握创建点、定数等分、定距等分及修改点样式的方法；
◆ 掌握创建图案填充的方法；
◆ 掌握选择、删除与恢复对象的方法；
◆ 掌握使用"修改"命令编辑图形的方法，包括复制、偏移、镜像、阵列、移动、对齐、缩放、拉伸、修剪、延伸、打断、圆角、倒角、旋转等命令。

素质目标

◆ CAD绘图与编辑命令的执行方法不唯一，鼓励学生不仅要熟悉操作界面上功能面板的使用，更应该学会快捷命令的使用。培养学生讲究效率、精益求精的工匠精神。

任务1　用直线命令绘制图形

学习任务单

任务名称	直线绘制
任务描述	使用直线命令快速绘制图2-1-1所示简单平面图形。要求设置图形界限(150×120)，左下角为(0,0)，并用全屏显示图形范围。完成后以CAD2-1.dwg为文件名保存在E盘根目录下 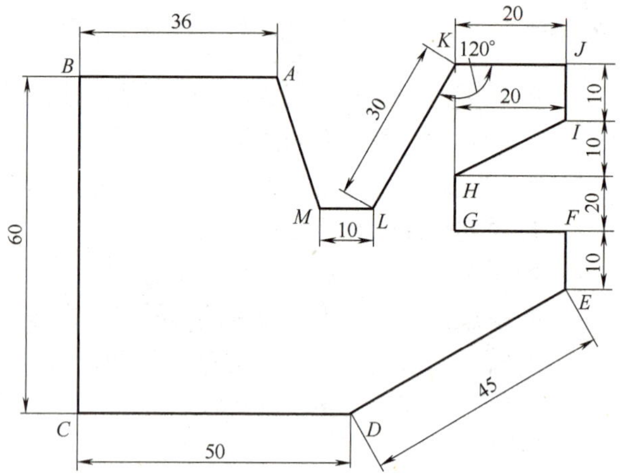 图2-1-1　直线绘制
任务分析	图中的AB、BC、CD等水平、铅垂直线可利用正交模式快速绘制。根据图中尺寸标注，斜直线DE、JK可用相对极坐标绘制，而斜直线HI则需用相对直角坐标绘制。绘图时要合理选择起始点，由于AM是未知线段，所以必须最后画，因此起始点最好选择A点

> 知识链接

一、点的输入方式

在AutoCAD绘图过程中,常常需要确定点的位置,以便快速、精确地绘制图形。点的输入可通过输入坐标、鼠标拾取点(配合对象捕捉功能)、直接输入距离(配合极轴追踪功能)、动态输入等方式来实现。根据坐标形式的不同,点的坐标分为直角坐标和极坐标;根据参照点的不同,点的坐标分为绝对坐标和相对坐标。

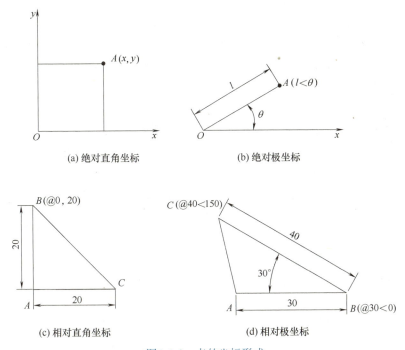

图2-1-2 点的坐标形式

① 绝对直角坐标 当前绘图点的坐标是相对于坐标原点(0,0)的坐标位移,其输入格式为"x,y",如图2-1-2(a)所示。

② 绝对极坐标 用直线的长度及其与X轴正向的夹角确定当前点相对坐标原点的位移。输入时以"长度<角度"的格式,如图2-1-2(b)所示。默认的角度以X轴的正方向为0°,按逆时针方向旋转增大的角度为正,按顺时针方向旋转增大的角度为负。

③ 相对直角坐标 当前绘图点的坐标是相对上一绘图点的坐标位移,其输入格式为在坐标前面加上符号@,即"@x,y"。如图2-1-2(c)所示,B点相对于A点的直角坐标为(@0,20),C点相对于A点的直角坐标为(@20,0)。

④ 相对极坐标 用长度和角度确定当前点相对前一点的位移。输入时需要在极坐标前面加上符号@,即"@长度<角度",如图2-1-2(d)所示,B点相对于A点的极坐标为(@30<0),C点相对于B点的极坐标为(@40<150)。

除了通过键盘精确输入点坐标以外,还可以通过在适当位置单击鼠标左键来获得光标位置的坐标,这也是绘图过程中常用来确定第一点坐标位置的方法。

> **提示**
>
> 如果状态栏中的"动态输入"开关处于打开状态，则无论输入的坐标前是否有"@"符号，系统都会认为所输入的坐标为相对坐标。

二、调用命令的方法

AutoCAD绘图过程中，当用户需要绘图或进行其他操作时，首先要向系统调用相关命令。绘图时既可以直接在功能区的相关面板中单击所需命令按钮，也可以在"格式""绘图""修改"等经典菜单栏中选择所需命令。此外，为了提高绘图效率，还可以使用快捷命令。所谓快捷命令，实际上就是命令的英文名称中一个、两个或多个字母。表2-1-1是绘制机械平面图时常用到的一些快捷命令。

> **提示**
>
> 当执行完某一命令后，如果需要重复执行该命令，可以直接按键盘上的Enter键或空格键。
> 如果要调用前面操作中执行过的命令，可在命令行右击鼠标，弹出快捷菜单，在"最近使用的命令"子菜单中去选择。

表2-1-1　常用快捷命令及其功能

命令	快捷命令	功能	命令	快捷命令	功能
line	L	绘制直线	offset	O	偏移对象
circle	C	绘制圆	mirror	MI	镜像对象
circular arc	ARC	绘制圆弧	array	AR	阵列对象
rectangle	REC	绘制矩形	stretch	S	拉伸对象
polyline	PL	绘制多段线	trim	TR	修剪对象
linetype	LT	设置线型比例	scaling	SC	缩放对象
style	ST	创建文字样式	fillet	F	圆角
mtext	T或MT	注写多行文字	chamfer	CHA	倒角
edit	ED	编辑文字注释	block	B	创建块
hatching	H	图案填充	write block	WB	存储块
layer	LA	设置图层	insert block	I	插入块
explode	EXPL	分解对象	dimension style	D	创建标注样式
move	M	移动对象	dimension linear	DLI	标注线性尺寸
copy	CO	复制对象	dimension continue	DCO	标注连续尺寸
rotate	RO	旋转对象	mleader	MLD	标注多重引线

三、使用辅助绘图工具精确绘图

在使用AutoCAD绘图时，用户可以利用"显示图形栅格""正交""极轴追踪""对象捕捉""对象捕捉追踪"等绘图辅助工具快速、准确地绘图。如图 2-1-3 所示,单击状态栏上相应的按钮即可实现启用或关闭相应功能的操作,右击状态栏上相应的工具按钮可进行具体功能设置。

图 2-1-3　常用绘图辅助工具

1. 栅格

启用显示图形栅格功能时,绘图区显示矩形栅格。使用栅格类似于在图形下放置一张坐标纸。利用栅格可以对齐对象并直观显示对象之间的距离,如果设置了图形界限,可利用栅格合理布置图形位置,如图 2-1-4(a)所示。栅格不是图形的组成部分,不能被打印输出。

若要重新设置栅格间距,可在状态栏中的"显示图形栅格"开关 ⊞ 上右击,单击弹出的快捷菜单"网格设置",再在打开的"草图设置"对话框中进行设置,如图 2-1-4(b)所示。

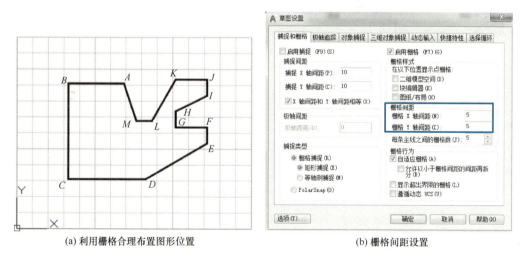

(a)利用栅格合理布置图形位置　　　　　　　(b)栅格间距设置

图 2-1-4　栅格

2. 正交与极轴追踪

正交与极轴追踪是 AutoCAD 的另外两项重要功能,主要用于控制绘图时光标移动的方向,它们对应的快捷键分别为【F8】和【F10】。其中,利用"正交"功能可以控制绘图时光标只沿水平或垂直方向移动,绘制水平线或垂直线时最好在状态栏打开此功能。

利用"极轴追踪"功能可沿所定义的角度绘制图形,常用来绘制指定角度的斜线。例如,要绘制一条长度为 100、角度为 30°的斜线,可按如下步骤操作:

步骤 1　打开状态栏中的"极轴追踪" ⌀ ,然后在该开关上右击(或者单击该开关右侧的三角符号),在弹出的快捷菜单中选择"30,60,90,120…"等包含 30°的菜单项,如图 2-1-5 所示。

步骤 2　在命令行输入"L"并回车,然后在绘图区任意位置拾起一点作为直线的起点,接着移动光标,当光标位于30°方位时,光标附近将出现一条极轴追踪线及提示信息,如图2-1-6所示。此时,输入长度值"100"并回车,再次回车结束命令。

> **提示**
>
> 如果图2-1-5所示的快捷菜单中没有所需角度,可选择"正在追踪设置…"菜单项,可在打开的"草图设置"对话框的"增量角"编辑框中输入所需角度。

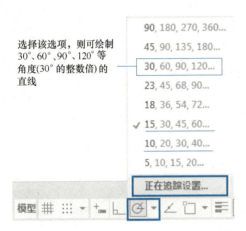

图2-1-5 选择极轴增量角

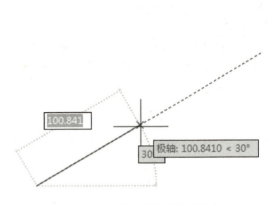

图2-1-6 极轴追踪线及提示信息

3. 对象捕捉

在绘图时,如果希望将十字光标定位在现有图形的一些特殊点上,如圆和椭圆的圆心,直线的中心、端点等处,可利用"对象捕捉"功能来实现。右击状态栏的"对象捕捉"按钮,显示如图2-1-7所示列表,用户可根据需要"√"选所需要的捕捉模式。此外,也可在

图2-1-7 对象捕捉列表

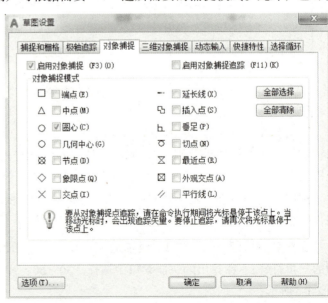

图2-1-8 "草图设置(对象捕捉)"对话框

026 AutoCAD上机指导与训练

弹出的快捷菜单中选择"对象捕捉设置…"菜单项，然后在打开的"草图设置"对话框的"对象捕捉模式"设置区中进行设置，如图2-1-8所示。

> **提示**
>
> ◇ 只有当状态栏的"对象捕捉"按钮处于打开，同时需要的捕捉对象被"√"选才可以捕捉到该对象。
>
> ◇ 当需要临时捕捉某对象模式或者因出现的捕捉对象模式较多出现干涉现象而选不到所需要的那种时，可在执行绘图命令后按住【Ctrl】或【Shift】键在绘图区右击鼠标，在弹出的图2-1-7所示快捷菜单中选择所需菜单项进行操作。

4. 对象捕捉追踪

若不知道具体的追踪方向，但知道与其他对象的某种关系（如相交、相切等），则采用对象捕捉追踪功能；若知道要追踪的方向（角度），则使用极轴追踪功能。极轴追踪和对象捕捉追踪可以同时使用。要打开或关闭对象捕捉追踪功能，可单击状态栏中的"对象捕捉追踪"开关区，或按快捷键【F11】。

5. 动态输入

当开启此功能并输入命令时，十字光标附近将显示线段的长度及角度，按［Tab］键可在长度及角度值之间切换，并可输入新的长度及角度值。

6. 显示/隐藏线宽

用于在绘图区显示绘图对象的线宽。

四、图形显示控制

AutoCAD绘图过程中，为了画图和看图的需要，经常要调整图形的大小和位置。用户可通过"菜单栏""导航栏""鼠标或滚动条"等来进行操作。

1. 缩放对象

通过改变显示范围，以放大或缩小显示绘图窗口中的对象。常用的方法有：

● 在命令行输入Z（ZOOM的缩写），按回车键。出现图2-1-9所示提示，输入字母"A"可实现图形的全屏显示。

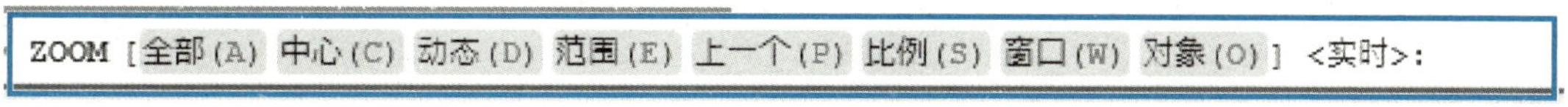

```
ZOOM [全部(A) 中心(C) 动态(D) 范围(E) 上一个(P) 比例(S) 窗口(W) 对象(O)] <实时>:
```

图2-1-9　ZOOM命令控制图形缩放

● 在绘图区右侧的导航栏中单击"范围缩放"　按钮下方的三角符号，然后在弹出的下拉列表中选择各种缩放选项，如图2-10 所示。

❖ 范围缩放：在绘图区中最大化显示全部图形。

❖ 窗口缩放：选择该选项，然后在绘图区拖出一个选择窗口，该窗口内的图形将被放大到充满整个绘图区。

❖ 实时缩放：选择该选项，光标将变成 形状，然后按住鼠标左键向上拖动，可放大视图；向下拖动，可缩小视图。

❖ 缩放比例：按输入的具体数值缩放视图。

❖ 中心缩放：以指定的中心点为中心，按输入的数值将当前视图进行缩放。

❖ 缩放对象：所有被选中的对象将最大化显示在绘图区。

图2-1-10 导航栏中的"范围缩放"

提示

实现缩放操作最快捷的方法是滚动鼠标中键，滚轮向前可放大显示图形，向后则缩小显示图形，双击鼠标中键则可以全屏显示绘图窗口中的对象。

2. 平移视图

- 在命令行输入平移命令Pan，按回车键，然后按住鼠标左键并拖动图形至合适位置后松开鼠标，即可平移视图。
- 在绘图区右侧的导航栏中单击"平移"按钮，然后按住鼠标左键并拖动图形至合适位置后松开鼠标，即可平移视图。
- 按住鼠标滚轮并拖动鼠标。

五、绘制直线

"直线"命令的执行方式有以下几种：

- 功能区：在"默认"选项卡的绘图面板中单击"直线" / 按钮；
- 命令行：输入Line后按<Enter>键（快捷命令：L）；
- 菜单栏：选择"绘图→直线"。

六、绘制构造线

构造线只有方向，没有起点和终点，一般作为辅助线使用。"构造线"命令的执行方式有以下几种：

- 功能区：在［默认］选项卡的绘图面板中单击"构造线" 按钮；
- 命令行：输入XLINE后按<Enter>键（快捷命令：XL）；
- 菜单栏：选择"绘图→构造线"。

执行上述任一种命令后，命令行提示：

指定点或 ［水平（H）/垂直（V）/角度（A）/二等分（B）/偏移（O）］：

上述各选项的含义如下：
- 水平（H）：选择该选项即可绘制水平的构造线；
- 垂直（V）：选择该选项即可绘制垂直的构造线；
- 角度（A）：选择该选项即可按指定的角度创建一条构造线；
- 二等分（B）：选择该选项即可创建已知角的角平分线；
- 偏移（O）：选择该选项即可创建平行于另一个对象的平行线，这条平行线可以偏移一段距离与对象平行，也可以通过指定的点与对象平行。

七、修剪图形

使用"修剪"命令可以修剪图形对象。修剪的对象可以是直线、多段线、矩形、圆弧、圆等。

"修剪"命令的执行方式如下：

- 功能区：在［默认］选项卡的"修改"面板中单击"修剪"按钮；
- 命令行：输入 trim 后按<Enter>键（快捷命令：tr）；
- 菜单栏：选择"修改→修剪"。

执行修剪命令后，第一次提示用户选择对象是指选择修剪边界线，选择修剪边界线后，第二次提示选择对象是指选择要修剪掉的对象。

八、延伸图形

使用"延伸"命令可将直线、圆弧、椭圆弧和非闭合多段线等对象延长到指定对象的边界。

"延伸"命令的执行方式如下：

- 功能区：在［默认］选项卡的"修改"面板中单击"延伸"按钮；
- 命令行：输入 extend 后按<Enter>键（快捷命令：ex）；
- 菜单栏：选择"修改→延伸"。

执行延伸命令后，第一次提示用户选择对象是指选择延伸边界线，选择延伸边界线后，第二次提示选择对象是指选择要延伸的对象，在指定延伸对象时，其单击的位置必须靠近希望延伸的一侧，否则将得不到预期的延伸效果。

> **提示**
>
> "修剪"和"延伸"命令在使用过程中操作很相似，在第一次选择对象时都可直接按空格键或回车键。

任务实施单

方法步骤	图示
步骤1 在命令行输入limits命令,设置左下角为(0,0),右上角为(150,120),用栅格显示所设图限范围。在命令行输入Z,回车后输入A,将图限全屏显示	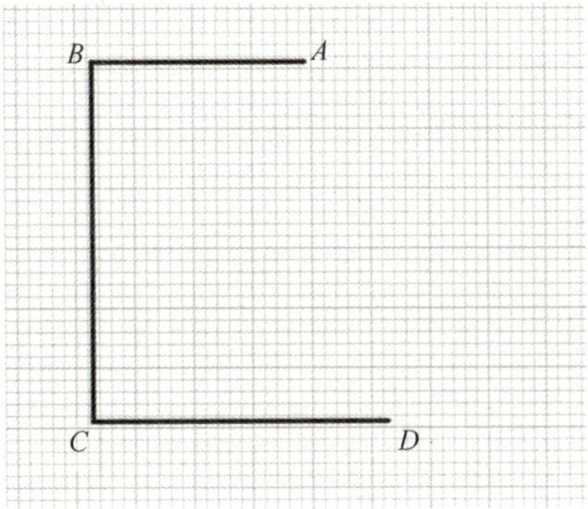 图2-1-11(a)
步骤2 在命令行输入"L"调用直线命令,在绘图区合理位置拾起一点作为起始点A,打开状态行的正交状态,依次绘制直线AB、BC、CD,如图2-1-11(a)所示	
步骤3 在命令行输入@45<30,回车,绘制斜直线DE,然后在正交状态下绘制直线EF、FG、GH,如图2-1-11(b)所示	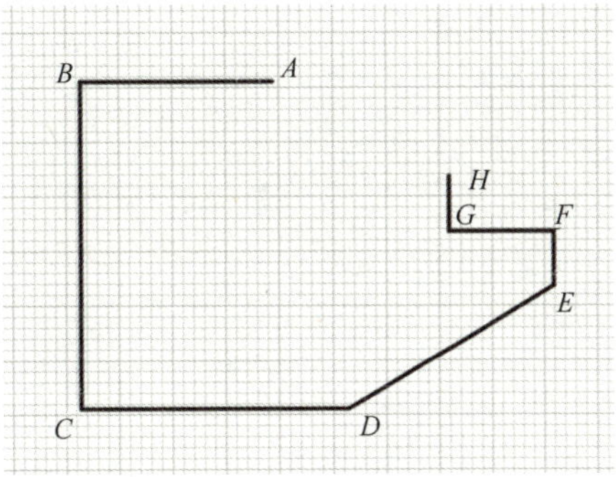 图2-1-11(b)
步骤4 在命令行输入@20,10回车,绘制斜直线HI,然后在正交状态下绘制直线IJ、JK,如图2-1-11(c)所示	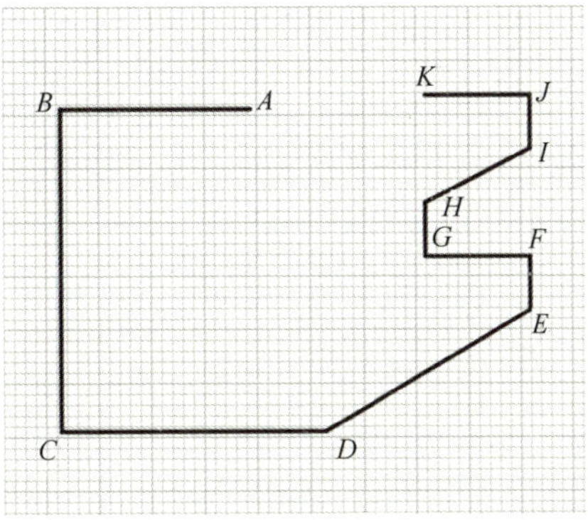 图2-1-11(c)

项目2 简单平面图形的绘制

续表

方法步骤	图示
步骤5 在命令行输入@30<-120,回车,绘制斜直线 KL,然后在正交状态下绘制直线 LM,最后捕捉端点 A,连接线段 MA,如图2-1-11(d)所示	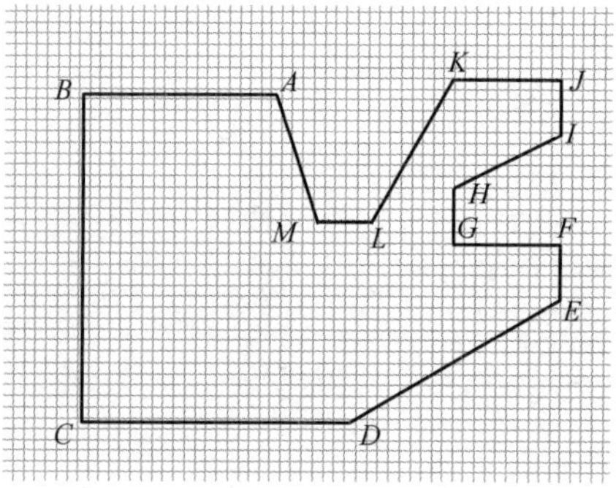 图2-1-11(d)
步骤6 完成后按指定的文件名及路径保存	

强化训练

序号	训练内容	操作提示
训练1	利用正交模式按1∶1比例绘制图2-1-12所示图形,图形界限自定 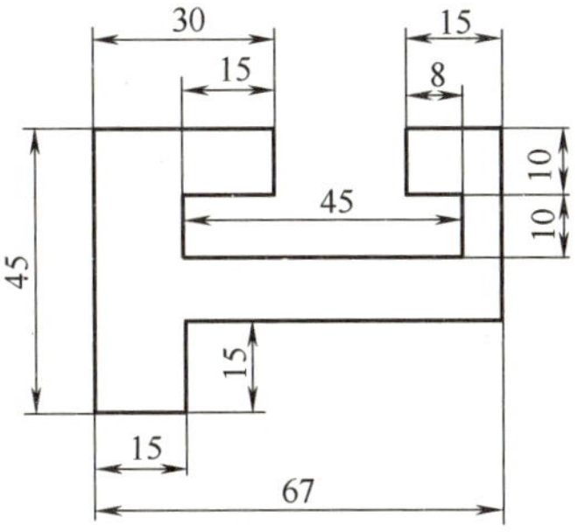 图2-1-12	图2-1-12
训练2	利用相对极坐标,按1∶1比例绘制图2-1-13所示图形,图形界限自定 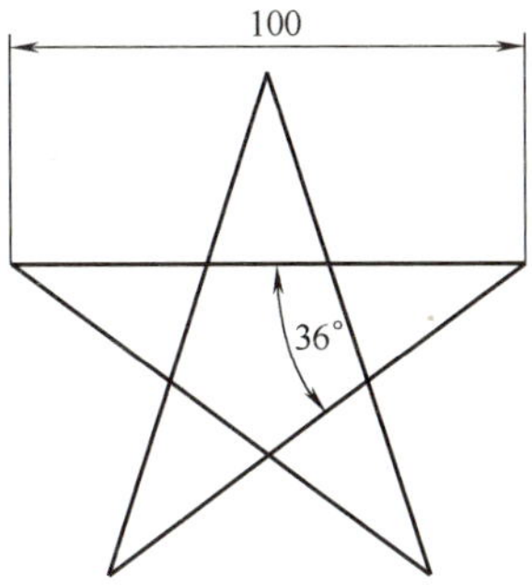 图2-1-13	图2-1-13
训练3	利用正交模式及相对直角坐标,按1∶1比例绘制图2-1-14所示图形,图形界限自定 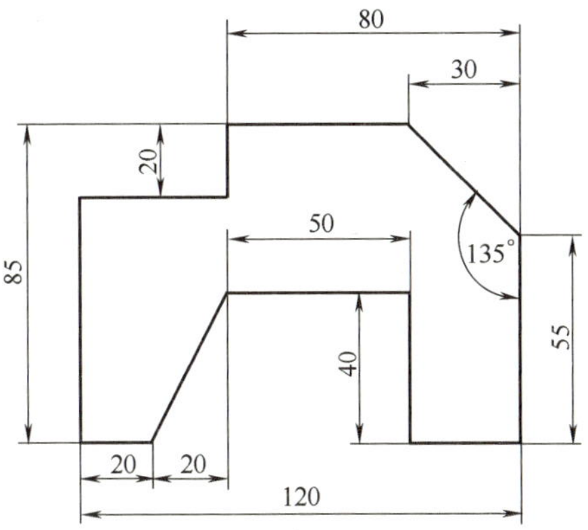 图2-1-14	图2-1-14

项目2　简单平面图形的绘制

续表

序号	训练内容	操作提示
训练4	利用相对直角坐标和相对极坐标,按1∶1比例绘制图2-1-15所示图形,设置绘图界限为(120×120),左下角点为(0,0),栅格显示绘图界限,图形不超出所设置的图限 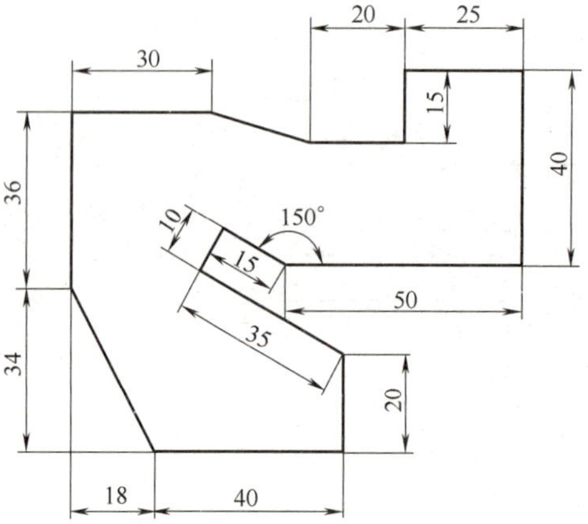 图 2-1-15	图 2-1-15
训练5	利用正交、极轴追踪辅助绘图方式,按1∶1比例绘制图2-1-16所示图形,图形界限自定 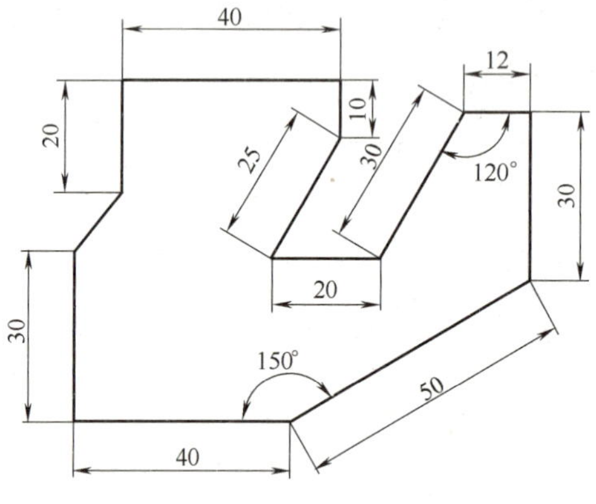 图 2-1-16	图 2-1-16
训练6	利用动态输入、对象捕捉追踪,按1∶1比例绘制图2-1-17所示图形,图形界限自定 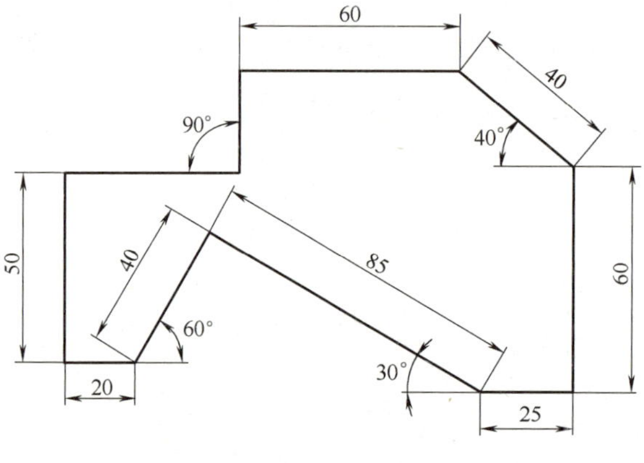 图 2-1-17	图 2-1-17

续表

序号	训练内容	操作提示
训练7	利用动态输入，按1:1比例绘制图2-1-18所示边长为100的正方体，图形界限自定 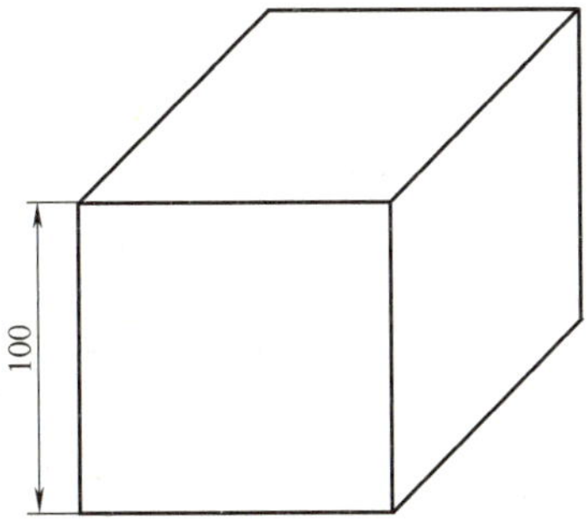 图2-1-18	 图2-1-18
训练8	创建新图形文件，按下列要求绘制图2-1-19所示图形。 (1)设置绘图界限为200×200； (2)绘制夹角小于90°角的两条直线； (3)利用构造线再绘制两线夹角的四等分线，并利用修剪命令对图形进行适当修剪 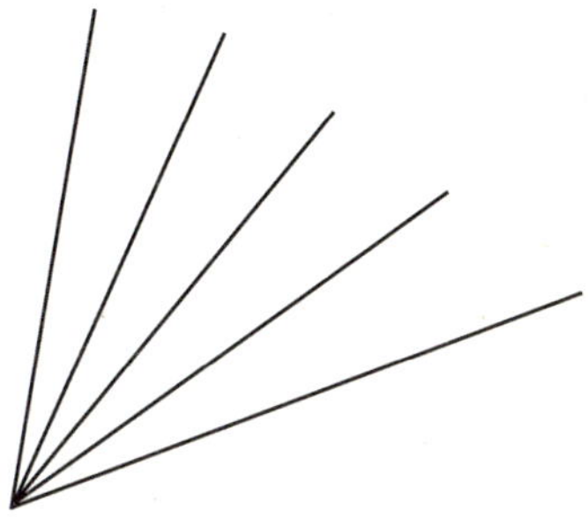 图2-1-19	 图2-1-19

项目2　简单平面图形的绘制

任务2　利用圆、圆弧命令绘制图形

学习任务单

任务名称	圆、圆弧绘制
任务描述	使用圆、圆弧等命令快速绘制图2-2-1所示简单平面图形。要求合理设置图形界限,按1∶1比例绘制并全屏显示,完成后以CAD2-2-1.dwg为文件名保存在E盘根目录下 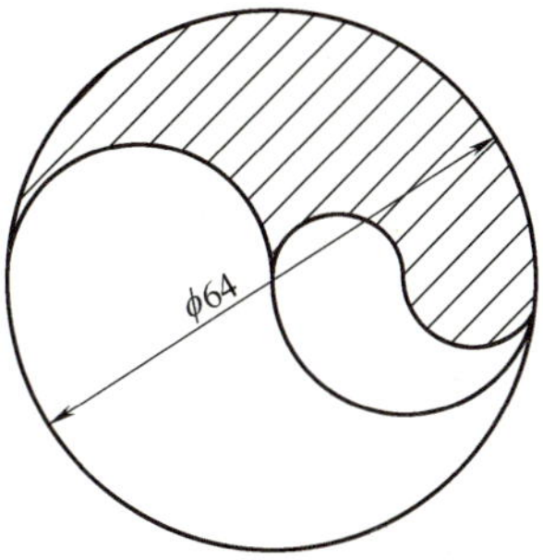 图2-2-1　圆、圆弧绘制
任务分析	图形包含直径为64的圆及四段圆弧,四段圆弧包含的角度均为180°。圆弧的起始点均在圆的直径上,圆弧起始点之间的距离分别为圆直径的二分之一和四分之一,所以需要先对圆的直径进行四等分,再采用"起点、端点、角度"的方式绘制四段圆弧

项目2　简单平面图形的绘制

知识链接

一、图形对象的选择

在 AutoCAD 中，既可以单击选择图形对象，也可以使用窗选或窗交方式选择对象，具体操作如下。

1. 单击选择

要选择单个图形对象，可将光标移到要选择的对象上，然后单击鼠标左键，如图 2-2-2 所示；要选择多个图形对象，可连续单击要选择的其他对象。

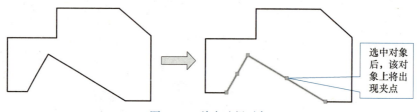

图 2-2-2　单击选择对象

2. 窗选或窗交

如果希望一次选择邻近的多个对象，可使用窗选方式或窗交方式。窗选方式指自左向右拖出选择窗口，只有完全包含在选择区域中的对象才能被选中；窗交方式指自右向左拖出选择窗口，所有与选择窗口相交的对象均会被选中。

3. 全选

在 AutoCAD 中执行修改命令时，通常是先执行命令后选择对象，当命令行提示"选择对象"时，在命令行输入"all"后按 Enter 键即可选择所有对象（被冻结图层上的对象除外）。系统也允许先选择对象后执行命令，此时在未执行任何命令的情况下，按下键盘上的 Ctrl+A 组合键也可选中绘图窗口的所有对象。

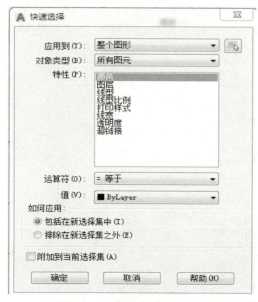

图 2-2-3　"快速选择"对话框

4. 快速选择

当需要选择大量具有某些共同特性的对象时，可通过在"快速选择"对话框中进行相应的设置，根据图形对象的图层、颜色、图案填充等特性和类型来创建选择集。

用户可以通过以下方式执行"快速选择"命令：

● 执行"工具"→"快速选择"命令；

● 在"默认"选项卡的"实用工具"面板中单击"快速选择" 按钮；

● 在命令行中输入 QSELECT，然后按 Enter 键。

执行以上任意一个操作后，将打开"快速选择"对话框，如图 2-2-3 所示。用户可根据需要设置对象类型和对象特性来选择图元对象。

二、图形对象的删除

删除图形对象的方法主要有：
- 选中图形对象后按键盘的［Delete］键；
- 在"默认"选项卡的"修改"面板中单击"删除"按钮；
- 在命令行输入"E"并回车；
- 选择要删除对象后右击鼠标，弹出快捷菜单，选择"Delete"，此方法最方便。

三、圆的绘制

AutoCAD提供了6种绘制圆的方法，如表2-2-1所示。

表2-2-1　6种绘制圆的方法

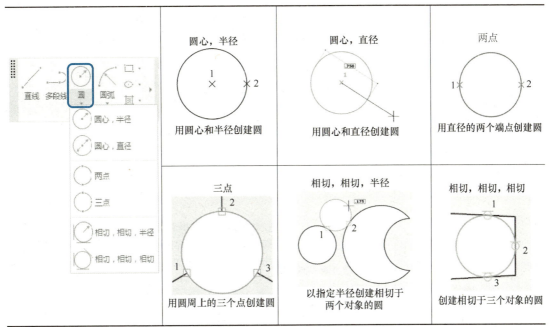

提示 !!!

◇ 使用"圆心，直径"命令画圆时，第一点为圆心，第二点与第一点之间的距离为直径，因此第二点不在圆上。

◇ 绘制与现有对象相切的圆时，可通过选择不同的切点位置绘制内切圆或外切圆。

四、圆弧的绘制

AutoCAD提供了11种绘制圆弧的方法，如表2-2-2所示。

表 2-2-2　11种绘制圆弧的方法

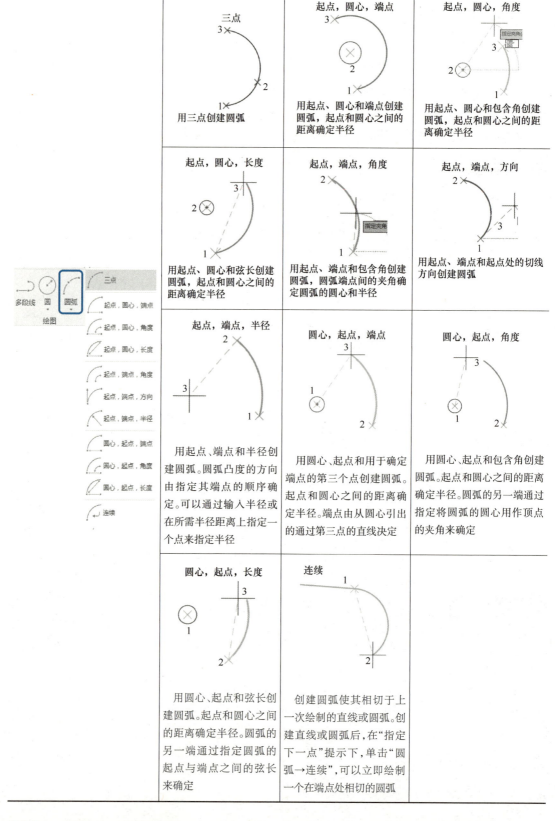

> **提示**
> ◇ 圆弧绘制始终是从起点开始按逆时针绘制。
> ◇ 在使用"起点，端点，半径"方式绘制圆弧时，如果输入的半径为正值，绘制的是一段劣弧；如果输入的半径为负值，则绘制的是一段优弧。

五、点、定距与定数等分

1. 点的绘制

"点绘制"命令的执行方式如下：

- 功能区：在"默认"选项卡的"绘图"面板中单击 按钮，可绘制多点；
- 命令行：输入point后按<Enter>键（快捷命令：PO）；
- 菜单栏：选择"绘图→点"，在弹出的快捷菜单中可绘制单点或多点，如图2-2-4所示。

单点就是只能绘制一个点，要想重复绘制必须再点击命令；多点就是点击命令后可以数量无限制绘制点。

2. 定数等分

"定数等分"命令的执行方式如下：

- 功能区：在"默认"选项卡的"绘图"面板中单击 按钮；
- 命令行：输入divide后按<Enter>键（快捷命令div）；
- 菜单栏：选择"绘图→点"，在弹出的快捷菜单中选择"定数等分"，如图2-2-4所示。

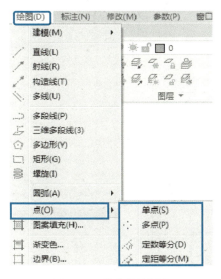

图2-2-4 菜单栏绘制点

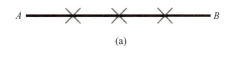

(a)

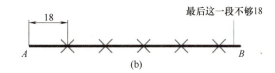

(b)

图2-2-5 线段定距等分与定数等分

3. 定距等分

"定距等分"命令的执行方式如下：

- 功能区：在"默认"选项卡的"绘图"面板中单击 按钮；

- 命令行：输入 measure 后按<Enter>键（快捷命令 me）；
- 菜单栏：选择"绘图→点"，在弹出的快捷菜单中选择"定距等分"，如图2-2-4所示。

4. 定数等分与定距等分的区别

执行定数等分时，要求输入线段数目N，即将执行对象均等分为N段；执行定距等分时，要求指定线段长度s，即将执行对象分成距离为s单位长的线段，不足s单位长的不分。

例如，线段AB长100，若要对其进行四等分，可执行定数等分命令，如图2-2-5（a）所示。

步骤：

在命令行输入DIV，回车；

选择要定数等分的对象：单击线段AB；

输入线段数目或 ［块（B）］：输入4，回车。

若要将点之间的距离设置为18，则可采用定距等分图形的方式，如图2-2-5（b）所示。

步骤：

命令行输入：MEAS，回车；

选择要定数等分的对象：单击线段AB；

指定线段长度或 ［块（B）］：输入18，回车。

> **提示**
>
> 默认的点是个很小的图形，一般不易辨认，所以定数等分或定距等分后，必须将点设置成方便确认的样式。常用的设置方法为：单击菜单栏"格式→点样式"，弹出图2-2-6所示点样式设置窗口。其中第一个为默认形式，一般可设置为第三或其后面的任一种形式。通过此窗口还可以调整点的大小。

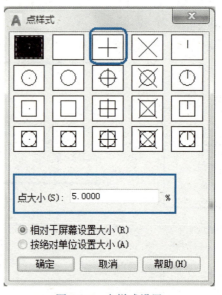

图2-2-6　点样式设置

六、图案填充

利用 AutoCAD 提供的"图案填充"命令不仅可以为图形填充背景色，还可以为剖视图添加表示其材料的剖面符号。图案填充命令调用方法：

- 功能区：在"默认"选项卡的"绘图"面板中单击 按钮；
- 命令行：输入 HATCH 后按<Enter>键（快捷命令 H）；
- 菜单栏：选择"绘图→图案填充"。

用以上任一方法执行"图案填充"命令后，在 CAD 界面的下方命令行会显示如图 2-2-7（a）所示的提示，上方功能区位置会显示如图 2-2-7（b）所示的"图案填充创建"功能面板。此时对准图形任一封闭区单击，便可对此区域进行填充，如图 2-2-7（c）所示。要选择合适的填充图案可拖动"图案"右侧的滚动条进行选择，填充剖面线常用的为"ANSI31"，单击"特性"设置中的"角度"和"图案填充比例"可分别修改填充图案的方向和线条间距。

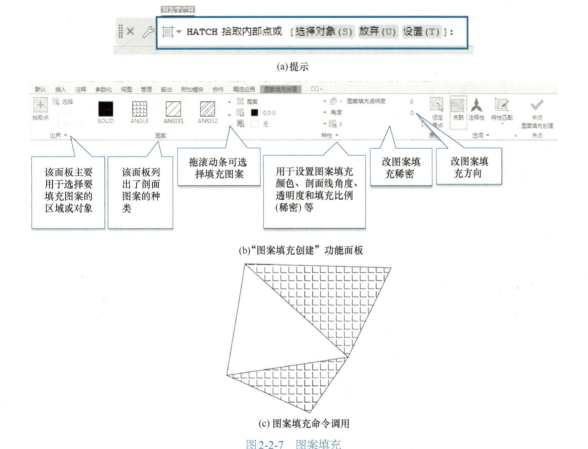

图 2-2-7　图案填充

> **提示**
>
> "特性"面板的"填充图案比例"编辑框中的值越小，图案就越密，反之就越稀。

七、镜像图形

利用"镜像"命令可以在由两点定义的直线的一侧创建所选图形的对称图形。使用该命令绘制图形时,可根据绘图需要选择是否删除镜像源对象。

"镜像"命令的执行方式如下:

- 功能区:在"默认"选项卡的"修改"面板中单击"镜像" ⚠ 按钮;
- 命令行:输入 mirror 后按<Enter>键(快捷命令:mi);
- 菜单栏:选择"修改→镜像"。

执行镜像命令,选择要镜像的对象按<Enter>键后,命令行提示

```
指定镜像线的第一点:
指定镜像线的第二点:
要删除源对象吗?[是(Y)/否(N)] <否>:
```

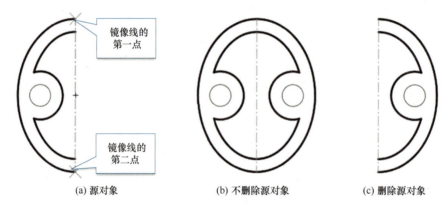

图 2-2-8 删除与不删除源对象的镜像效果

指定镜像线的第一点和第二点即指定对称轴上的任意两点,如图 2-2-8(a)所示。

是否要删除源对象?系统默认为"N",即不删除源对象,结果如图 2-2-8(b)所示,如果选择是"Y",则删除源对象,结果如图 2-2-8(c)所示。

八、复制图形

复制命令可以将对象进行一次或多次复制,源对象仍保留,复制生成的每个对象都是独立的。复制命令的调用方法有如下 3 种:

- 功能区:在"默认"选项卡的"修改"面板中单击"复制" ⁰⁸ 按钮;
- 命令行:输入 COPY 后按<Enter>键(快捷命令:CO);
- 菜单栏:选择"修改→复制"。

九、偏移图形

偏移命令可以对指定的直线、圆、圆弧等对象作偏移复制。

偏移命令的调用方法有如下 3 种:

- 功能区：在"默认"选项卡的"修改"面板中单击"偏移" 按钮；
- 命令行：输入OFFSET后按<Enter>键（快捷命令：O）；
- 菜单栏： 选择"修改→偏移"。

十、移动图形

移动命令可在指定方向上按指定距离移动对象，使对象进行重新定位。移动命令的调用方法有如下3种：

- 功能区：在"默认"选项卡的"修改"面板中单击"移动" 按钮；
- 命令行：输入MOVE后按<Enter>键（快捷命令：M）；
- 菜单栏：选择"修改→移动"命令。

任务实施单

方法步骤	图示
步骤1 设置(120×120)图形界限,左下角为(0,0),并用全屏显示图形范围	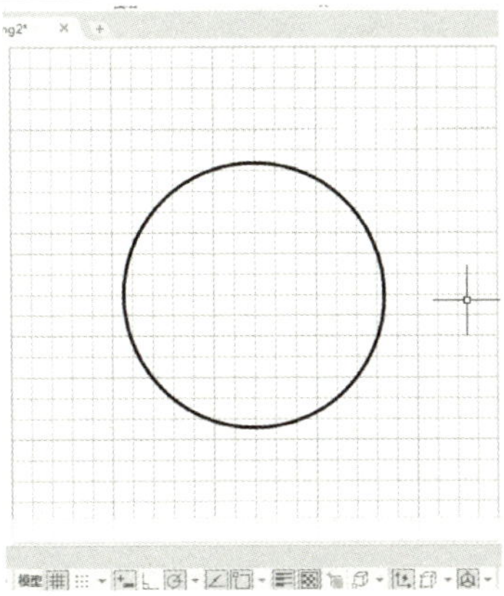
步骤2 采用"圆心,半径"方式绘制直径为64的圆,如图2-2-9(a)所示	图2-2-9(a)
步骤3 捕捉圆的左右两象限点画直径 AB	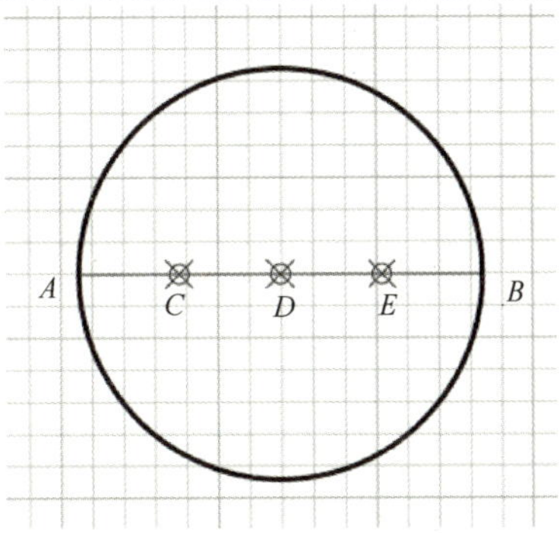
步骤4 设置点的样式为如图2-2-9(b)所示,并对直径 AB 进行定数等分,等分数量为4	图2-2-9(b)
步骤5 利用圆弧命令的"起点,圆心,端点"方式依次绘制圆弧 AD 和 DB,再用圆弧命令的"起点,端点,角度"方式依次绘制圆弧 DE 和 EB,如图2-2-9(c)所示	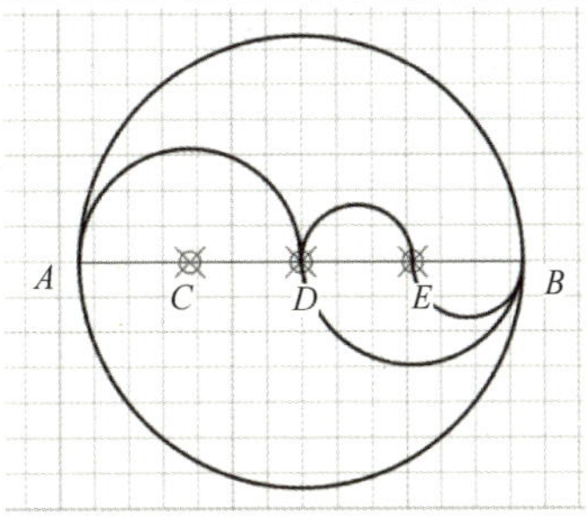 图2-2-9(c)
步骤6 对图形进行图案填充	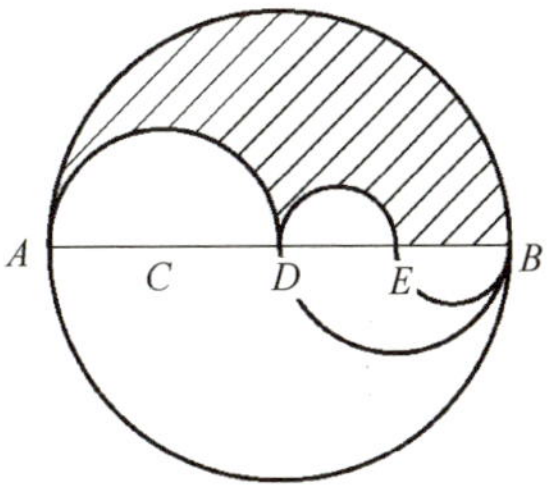
步骤7 将点的样式重设为默认形式,如图2-2-9(d)所示	图2-2-9(d)
步骤8 按要求将文件保存	

项目2 简单平面图形的绘制

强化训练

序号	训练内容	操作提示
训练1	按1:1比例绘制如图2-2-10所示图形,图形界限自定 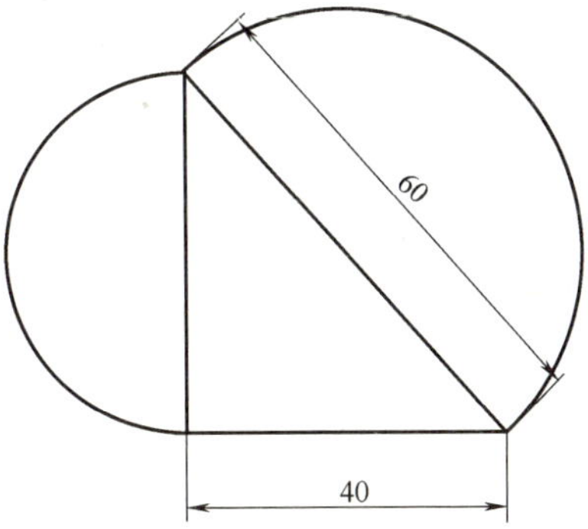 图2-2-10	图2-2-10
训练2	按1:1比例绘制如图2-2-11所示图形,图形界限自定 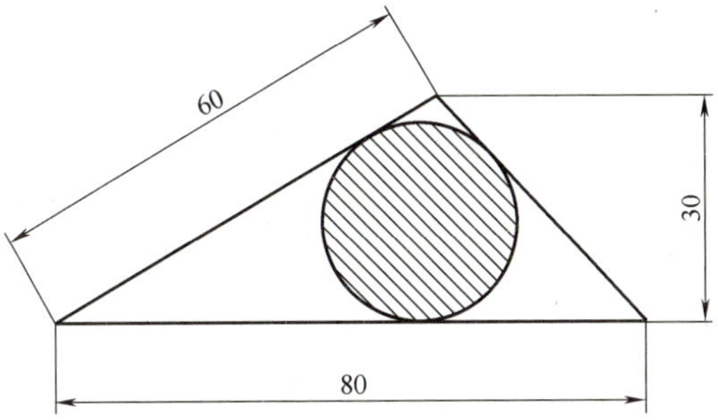 图2-2-11	图2-2-11
训练3	按1:1比例绘制如图2-2-12所示不倒翁,未注尺寸部分用圆弧命令中的"起点,端点,方向"合理绘制,图形界限自定 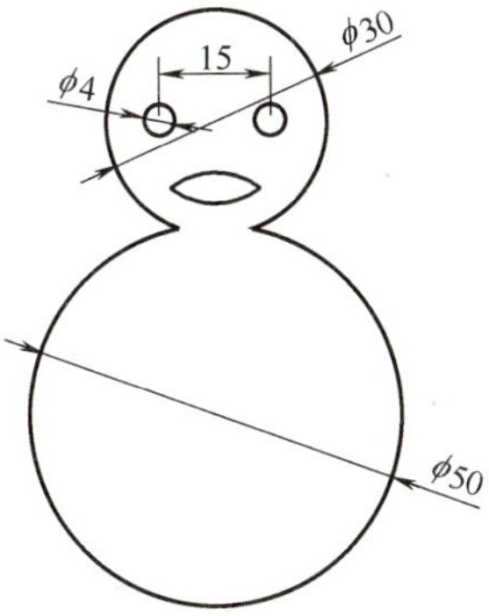 图2-2-12	图2-2-12

序号	训练内容	操作提示
训练4	按1:1比例绘制如图2-2-13所示图形,图形界限自定 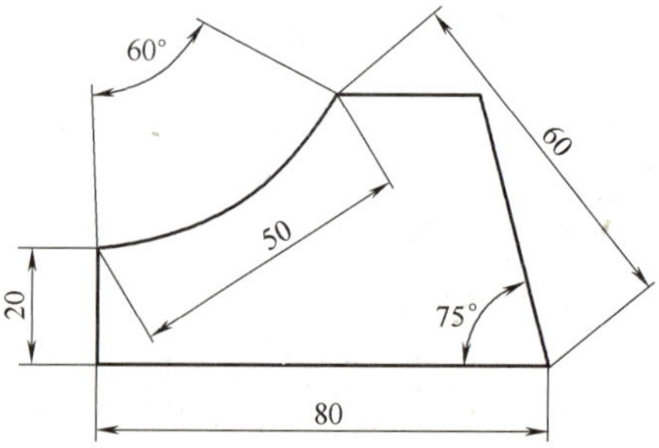 图2-2-13	图2-2-13
训练5	按1:1比例绘制如图2-2-14所示图形,合理设置图案填充比例与角度,图形界限自定 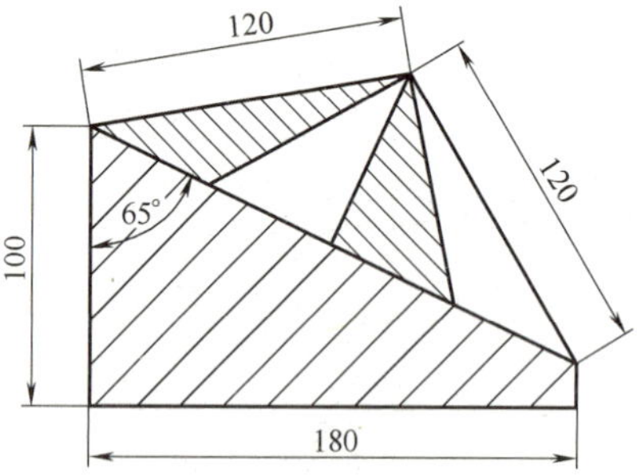 图2-2-14	图2-2-14
训练6	按1:1比例绘制如图2-2-15所示图形,图形界限自定 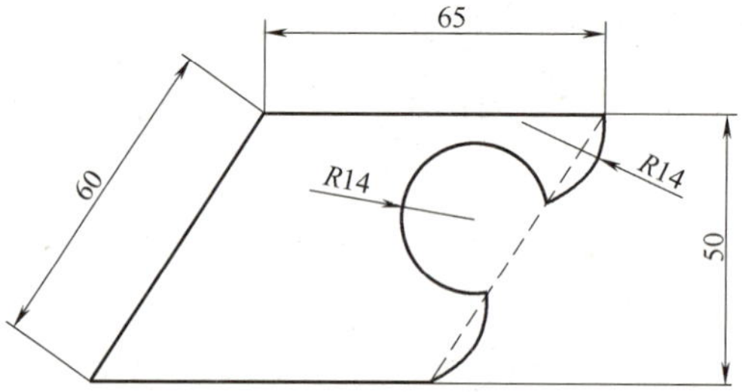 图2-2-15	图2-2-15
训练7	按1:1比例绘制如图2-2-16所示图形,图形界限自定 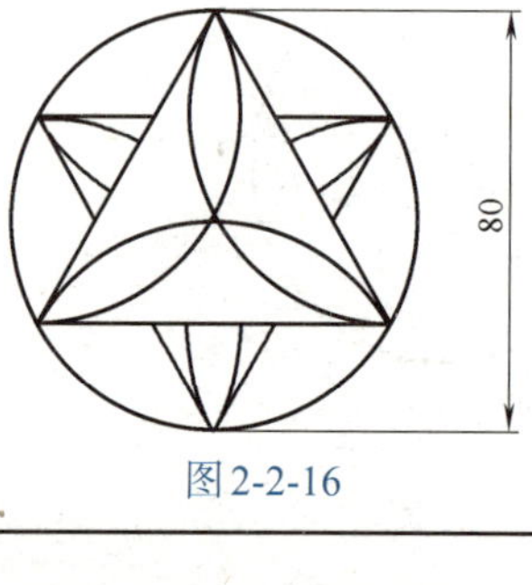 图2-2-16	图2-2-16

续表

序号	训练内容	操作提示
训练8	按1:1比例绘制如图2-2-17所示图形,图形界限自定 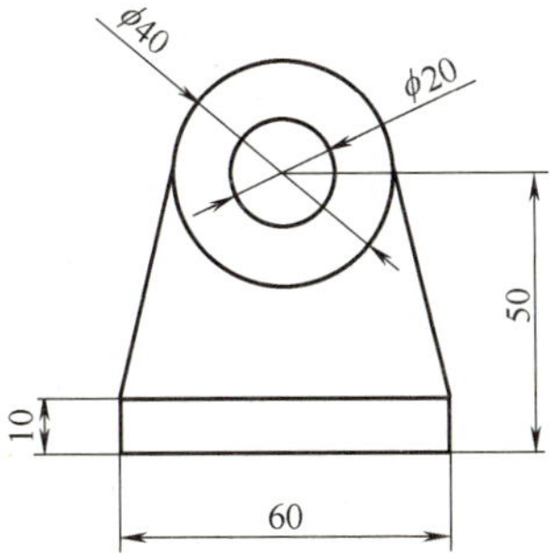 图2-2-17	图2-2-17
训练9	按1:1比例绘制如图2-2-18所示图形,图形界限自定 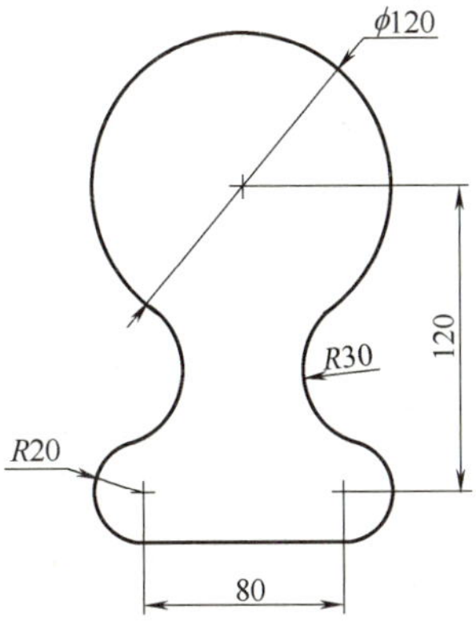 图2-2-18	图2-2-18
训练10	按1:1比例绘制如图2-2-19所示图形,图形界限自定 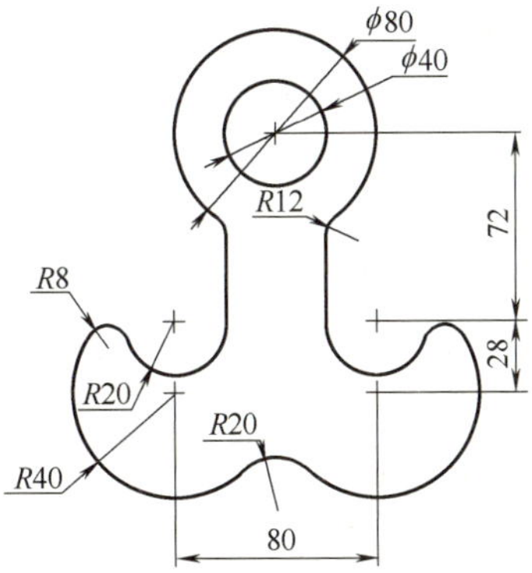 图2-2-19	图2-2-19

项目2 简单平面图形的绘制 051

任务 3　利用矩形、正多边形、阵列等绘图与修改命令绘制平面图形

学习任务单

任务名称	矩形、多边形绘制
任务描述	使用矩形、正多边形、阵列等绘图与修改命令快速绘制图 2-3-1 所示简单平面图形。要求合理设置图限，按 1:1 比例绘制并全屏显示，完成后以 CAD2-3-1.dwg 为文件名保存在 E 盘根目录下 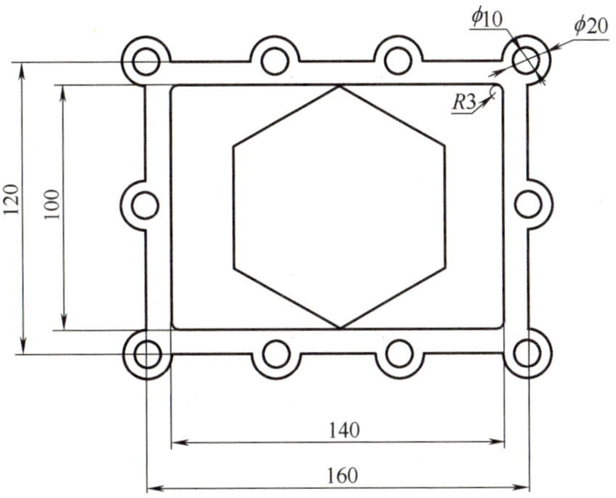 图 2-3-1
任务分析	图 2-3-1 的绘制需要使用直线、圆、矩形、正多边形、路径阵列、镜像、修剪、倒圆等命令

> **知识链接**

一、绘制矩形

"矩形" 命令的执行方式如下：

- 功能区：在"默认"选项卡下单击选项卡"绘图"面板中的"矩形" ▭ 按钮；
- 命令行：输入 rectang 后按<Enter>键（快捷命令： REC）；
- 菜单栏：选择"绘图→矩形"命令。

按以上方式执行命令后，提示信息如下：

| 指定第一个角点或 ［倒角（C）/标高（E）/圆角（F）/厚度（T）/宽度（W）］： |

根据上述提示：

❖ 在绘图区指定矩形的第一个角点，然后再按要求输入另一对角点坐标来确定矩形大小；

❖ 输入 C 回车，用来绘制有倒角的矩形，如图 2-3-2（a）所示；

❖ 输入 F 回车，用来绘制有圆角的矩形，如图 2-3-2（b）所示；

❖ 输入 W 回车，然后输入宽度值后，可绘制有一定宽度的矩形，如图 2-3-2（c）所示；

❖ 输入 E 回车，用来输入标高值，标高是指高出 xy 平面的值，一般用在三维上；

❖ 输入 T 回车，输入厚度值后，画出的矩形是个立体的，这个也是用在三维中，要在三维视图下才能看到。

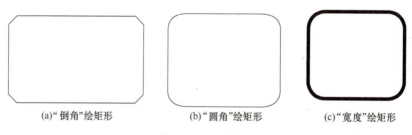

(a)"倒角"绘矩形　　(b)"圆角"绘矩形　　(c)"宽度"绘矩形

图 2-3-2　矩形绘图

二、绘制正多边形

"正多边形" 命令的执行方式如下：

- 功能区：在"默认"选项卡下单击选项卡"绘图"面板中的"多边形" ⬠ 按钮；
- 命令行：输入 POLYGON 后按<Enter>键（快捷命令：POL）；
- 菜单栏：选择"绘图→多边形"命令。

按以上方式执行命令后，提示信息如下：

| polygon 输入侧面数 <4>：
指定正多边形的中心点或 ［边（E）］：
输入选项 ［内接于圆（I）/外切于圆（C）］ <I>： |

首先输入绘制的多边形的边数，按<Enter>键，然后可选择以正多边形的"中心点"或"边长"两种方式绘制正多边形（默认方式为确定中心点），输入参数"E"可选择按边长来绘制。

选择正多边形的"中心点"方式后会提示"输入选项［(I)内接于圆/外切于圆(C)］<I>:"

- <I> 表示默认为以指定正多边形内接圆半径方式绘制，如图2-3-3（a）所示；
- 输入参数"C"表示以指定其外切圆半径绘制，如图2-3-3（b）所示。

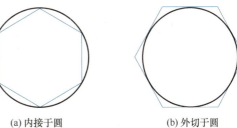

(a) 内接于圆　　　　　(b) 外切于圆

图2-3-3　正多边形绘制

三、绘制多段线

"多段线"命令的执行方式如下：

- 功能区：在"默认"选项卡下单击选项卡"绘图"面板中的"多段线"按钮；
- 命令行：输入PLINE后按<Enter>键（快捷命令：PL）；
- 菜单栏：选择"绘图→多段线"命令。

按以上方式执行命令，并指定第一点后，提示信息如下：

指定下一点或［圆弧(A)/闭合(C)/半宽(H)/长度(L)/放弃(U)/宽度(W)］：

根据上述提示：

- 指定下一点，以当前线宽按直线方式绘制多段线；
- 输入参数A，表示以圆弧的方式来绘制多段线；
- 输入参数C，表示封闭多段线；
- 输入参数H，以实际输入宽度的一半来确定多段线的宽度；
- 输入参数L，绘制一条指定长度的直线，当指定长度后，直线将沿上一段线的方向绘制；
- 输入参数U，取消上一次对多段线的操作。

四、绘制椭圆

"椭圆"命令的执行方式如下：

- 功能区：在"默认"选项卡的"绘图"面板中单击"椭圆"按钮，如图2-3-4所示；
- 命令行：输入ellipse后按<Enter>键（快捷命令：el）；
- 菜单栏：选择"绘图→椭圆"命令。

绘制椭圆有两种方式：

- 用指定的中心点创建椭圆。使用中心点、第一个轴的端点和第二个轴的长度来创建椭圆。可以通过单击所需距离的某个位置或输入长度值来指定距离，如图2-3-5（a）所示。

- 指定椭圆轴端点创建椭圆。椭圆上的第1点和第2点确定第一条轴的位置和长度，第3点确定椭圆的圆心与第二条轴的端点之间的距离，如图2-3-5（b）所示。

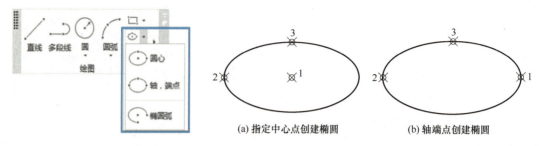

图2-3-4 "椭圆"下拉列表   图2-3-5 椭圆绘制方法

五、绘制圆环

"圆环"命令的执行方式如下：

- 功能区：在"默认"选项卡下单击选项卡"绘图"面板中的"圆环" ◎ 按钮；
- 命令行：输入donut后按<Enter>键（快捷命令：DO）；
- 菜单栏：选择"绘图→圆环"命令。

按以上方式执行命令后，只需指定圆环内径、外径和中心点就可以绘制圆环。

六、阵列图形

阵列命令实际上是一种特殊的复制方法，包括矩形阵列、环形阵列和路径阵列三种方式。矩形阵列可以控制行和列的数目以及对象副本之间的距离；环形阵列可以控制对象副本围绕中心点呈圆周均匀分布；路径阵列可以沿路径或部分路径均匀分布。

图2-3-6 阵列命令下拉列表

"阵列"命令的执行方式如下：

- 功能区：在"默认"选项卡的"修改"面板中单击"阵列"命令，弹出如图2-3-6所示的"阵列"命令下拉列表；
- 命令行：输入array后按<Enter>键；
- 菜单栏：选择"修改→阵列"命令。

1. 矩形阵列

执行矩形阵列命令并选中被阵列对象之后，在CAD界面的下方命令行显示如下所示提示：

> ARRAYRECT选择夹点以编辑阵列或［关联（AS）］基点（B）计数（COU）间距（S）列数（COL）行数（R）层数（L）退出（X）<退出>：

在上方功能区会显示如图2-3-7所示的"阵列创建"选项卡。

矩形阵列命令行提示行各选项含义：

基点（B）：阵列的基点；

计数（COU）：分别指定行和列的值；
表达式（E）：使用数学公式或方程式获取值；
行数（R）：设置阵列的行数；
列数（COL）：设置阵列的列数；
层数（L）：设置阵列的层数；
间距（S）：设置对象行偏移或列偏移的距离；
关联（AS）：指定是否在阵列后的所有对象将成为一个整体。是，则阵列后的所有对象将成为一个整体，否，则阵列后的对象为独立的个体。

在上方功能区显示的如图2-3-7所示"阵列创建"选项卡中可以方便设置列数、列间距、行数、行间距等参数，一般来说，用户在此进行相关参数和选项的设置会更加直观、方便。

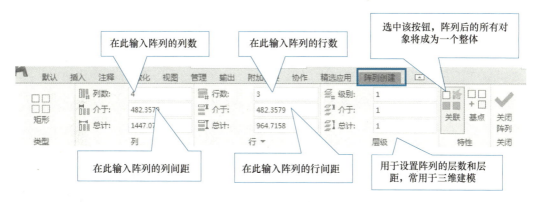

图2-3-7　矩形"阵列创建"选项卡

2. 路径阵列

路径阵列所沿路径可以是直线、多段线、三维多段线、样条曲线、螺旋、圆弧、圆或椭圆等。执行路径阵列命令选中阵列对象及路径之后，在CAD界面的上方功能区会显示如图2-3-8所示的"阵列创建"选项卡。在选项卡中可设置项目数、项目之间的距离、行数、行间距等。

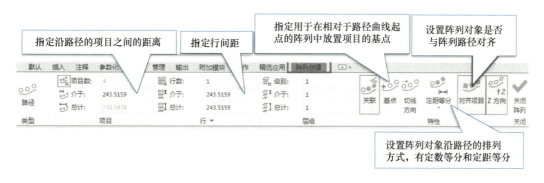

图2-3-8　路径"阵列创建"选项卡

3. 环形阵列

执行环形命令，选择阵列对象并确定阵列的中心点后，在CAD界面的上方功能区会显示如图2-3-9所示的"阵列创建"选项卡。在选项卡中可设置项目个数、项目之间的角度、行数等。

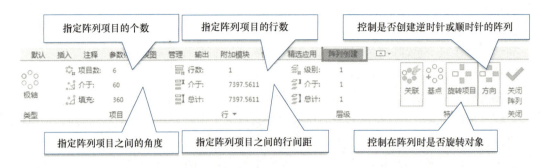

图 2-3-9　环形"阵列创建"选项卡

七、打断图形

打断命令可部分删除对象或把对象分解成两部分。打断对象主要有两种方式：

1. 将对象打断于一点

将对象打断于一点是指将整条线段分离成两条独立的线段，但线段之间没有空隙。调用该命令的方法如下：

- 功能区：在"默认"选项卡的"修改"面板中单击"打断于点"按钮；
- 命令行：输入 breakatpoint 后按<Enter>键（快捷命令：BK）。

2. 以两点方式打断对象

以两点方式打断对象是指在对象上创建两个打断点，使对象以一定的距离断开。调用该命令的方法如下：

- 功能区：在"默认"选项卡的"修改"面板中单击"打断"按钮；
- 命令行：输入 break 后按<Enter>键（快捷命令：BR）；
- 菜单栏：选择"修改→打断"命令。

八、缩放图形

缩放是将选择的图形对象按指定比例进行缩放变换。缩放对象实际改变了图形的尺寸。使用缩放命令时需要指定基点，该基点在缩放图形时不移动。缩放对象后默认为删除原图，也可以设定保留原图。

"缩放"命令的执行方式如下：

- 功能区：在"默认"选项卡的"修改"面板中单击"缩放"按钮；
- 命令行：输入 scale 后按<Enter>键（快捷命令：sc）；
- 菜单栏：选择"修改→缩放"命令。

执行缩放命令，选择要缩放的对角并指点缩放基点后，命令行提示以下缩放对象的方式和选项：

指定比例因子或 ［复制（C）/参照（R）］：

选项功能如下：

❖ 指定比例因子：选择该项，可以直接给定缩放比例，大于1是将图形放大，小于1是将图形缩小；
- ❖ 复制（C）：选择该项，可以在缩放对象的同时创建对象的复制；
- ❖ 参照（R）：选择该项，可以通过已知图形对象获取所需比例。该选项可拾取任意两个点以指定新的角度或比例，而不再局限于将基点作为参照点。

九、旋转图形

旋转命令可将所选择的对象按指定基点旋转一个角度，确定新的位置。旋转命令的调用方法有如下3种：

- 功能区：在"默认"选项卡的"修改"面板中单击"旋转"按钮；
- 命令行：输入ROTATE后按<Enter>键（快捷命令：RO）；
- 菜单栏：选择"修改→旋转"命令。

十、圆角

"圆角"命令的执行方式如下：

- 功能区：在"默认"选项卡的"修改"面板中单击"圆角"按钮；
- 命令行：输入fillet后按<Enter>键（快捷命令：f）
- 菜单栏：选择"修改→圆角"命令。

用以上任一方法执行"圆角"命令后，命令行提示信息如下：

选择第一个对象或 ［放弃（U)/多段线（P)/半径（R)/修剪（T)/多个（M)]：

主要选项的功能如下：

- ❖ 选择第一个对象：此项为默认选项，指定用于倒圆角的两条线中的第一条；
- ❖ 放弃（U）：恢复在命令中执行的上一个操作；
- ❖ 多段线（P）：对整条多段线进行倒圆角，执行该项操作，选择了二维多段线以后，系统就会一次性对整条多段线的各顶点进行倒圆角；
- ❖ 半径（R）：定义所倒圆弧的半径；
- ❖ 修剪（T）：用于决定倒圆角后是否对相应的边进行修剪；
- ❖ 多个（M）：给多个对象添加圆角。

> **提示**
>
> 当对两条平行线倒圆时，不需要指定半径，圆角半径为两条平行线距离的一半。

十一、倒角

"倒角"命令的执行方式如下：

- 功能区：在"默认"选项卡的"修改"面板中单击"倒角"按钮；
- 命令行：输入chamfer后按<Enter>键（快捷命令：cha）；

- 菜单栏：选择"修改→倒角"命令。

用以上任一方法执行"倒角"命令后，命令行提示信息如下：

选择第一条直线或 [放弃（U）/多段线（P）/距离（D）/角度（A）/修剪（T）/方式（E）/多个（M）]：

上述各选项中，"选择第一条直线、放弃（U）、多段线（P）、修剪（T）、多个（M）"均与圆角命令相似，其他选项功能如下：

- ❖ 距离（D）：用于确定两条线的倒角距离；
- ❖ 角度（A）：用于设置第一条线的倒角距离和第一条线的倒角角度；
- ❖ 方式（E）：用于确定按什么方式倒角。

任务实施单

方法步骤	图示
步骤1　命令行输入limits命令,设置图形界限(200,200),输入Z回车后再输入a,全屏显示图形	
步骤2　执行"矩形"[rectang]命令,绘制长160,高120的矩形	
步骤3　执行"偏移"[offset]命令,将160×120矩形向内偏移10,获得长140,高100的矩形	图2-3-10（a）
步骤4　执行"分解"[explode]命令将长160,高120的矩形分解	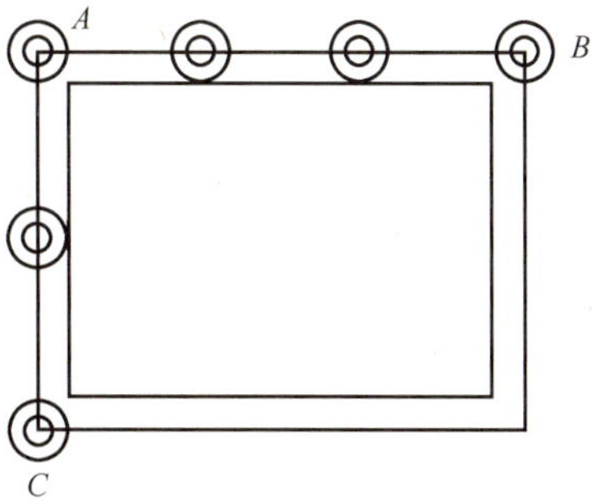
步骤5　执行"圆"[CIRCLE]命令在长160,高120的矩形左上角点绘制 $\phi 20$、$\phi 10$ 的同心圆	
步骤6　执行"路径阵列"[arraypath]命令,将 $\phi 20$、$\phi 10$ 两圆沿路径AB以"定数等分"方式阵列4项、沿路径AC以"定数等分"方式阵列3项	图2-3-10（b）
步骤7　执行"镜像"[mirror]命令,将阵列后的圆进行镜像	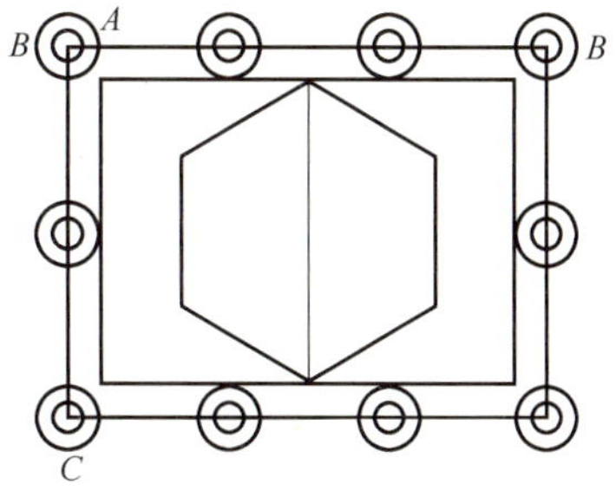
步骤8　连接矩形垂直中线,执行"正多边形"[polygon]命令,以直线中点为圆心,以内接于半径50的方式绘制正六边形	图2-3-10（c）
步骤9　删除中线,修剪圆及外矩形四角	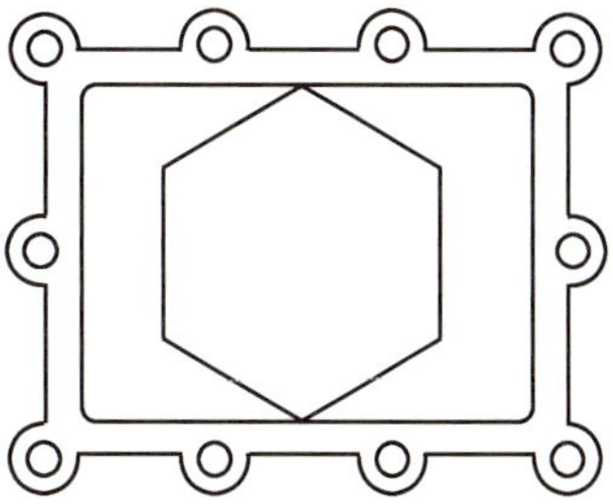
步骤10　执行"圆角"[fillet]命令,对内矩形倒半径为3的圆角	
步骤11　完成后按要求存盘	图2-3-10（d）

项目2　简单平面图形的绘制

强化训练

项目	训练内容	操作提示
训练1	按1∶1的比例绘制图 2-3-11 所示的图形 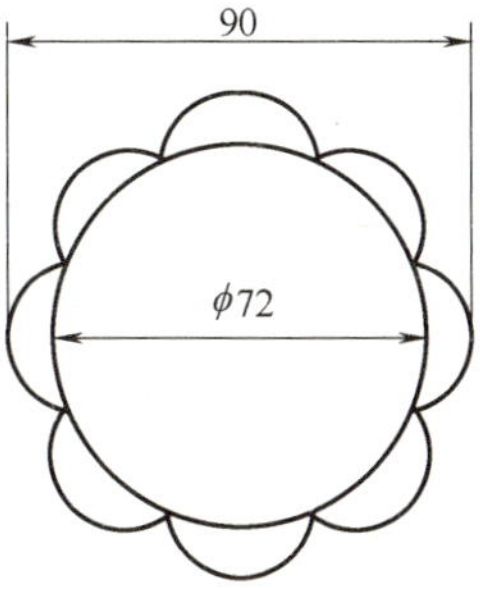 90 φ72 图 2-3-11	图 2-3-11
训练2	按1∶1的比例绘制图 2-3-12 所示的图形 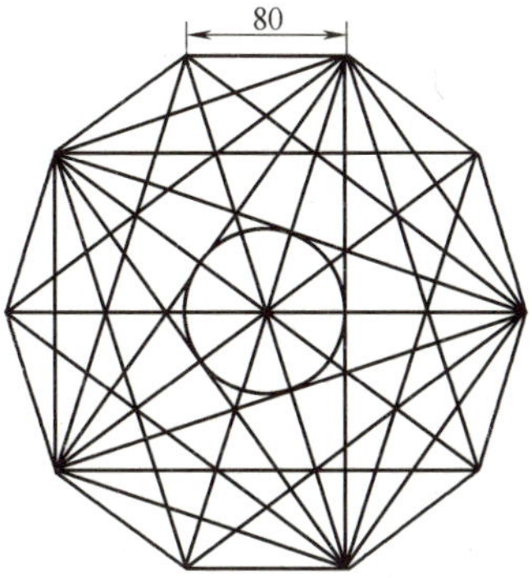 80 图 2-3-12	图 2-3-12
训练3	按1∶1的比例绘制图 2-3-13 所示的图形 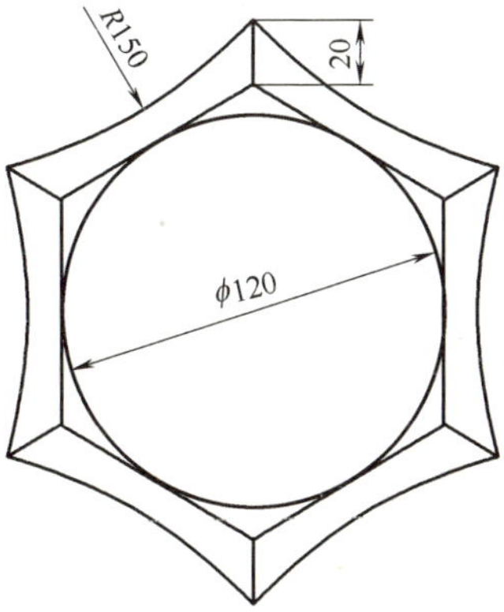 R150 20 φ120 图 2-3-13	图 2-3-13

续表

项目	训练内容	操作提示
训练4	采用路径阵列、偏移等命令按1:1的比例绘制图2-3-14所示的图形 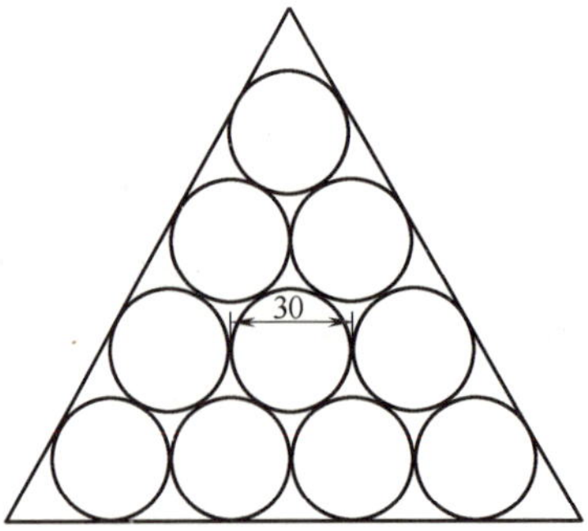 图2-3-14	图2-3-14
训练5	采用路径阵列、参照缩放等命令按1:1的比例绘制图2-3-15所示的图形 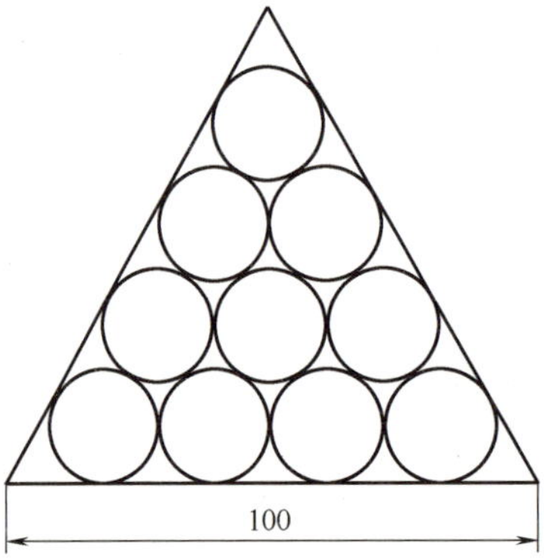 图2-3-15	图2-3-15
训练6	采用参照缩放等命令按1:1的比例绘制图2-3-16所示的图形  图2-3-16	图2-3-16

续表

项目	训练内容	操作提示
训练7	采用阵列等命令按1∶1的比例绘制图2-3-17所示的图形 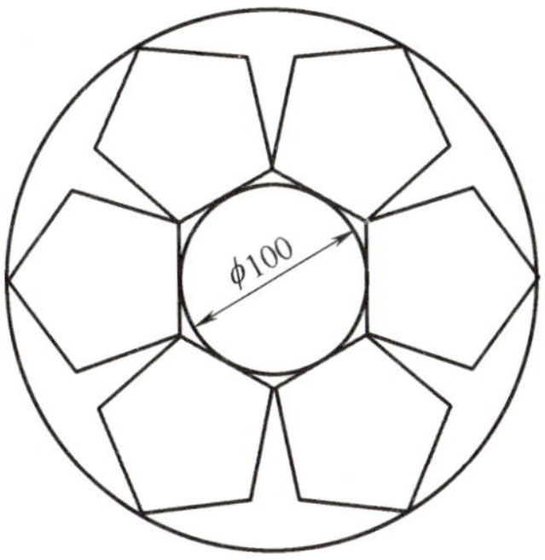 图 2-3-17	图 2-3-17
训练8	采用旋转、偏移等命令按1∶1的比例绘制图2-3-18所示的图形 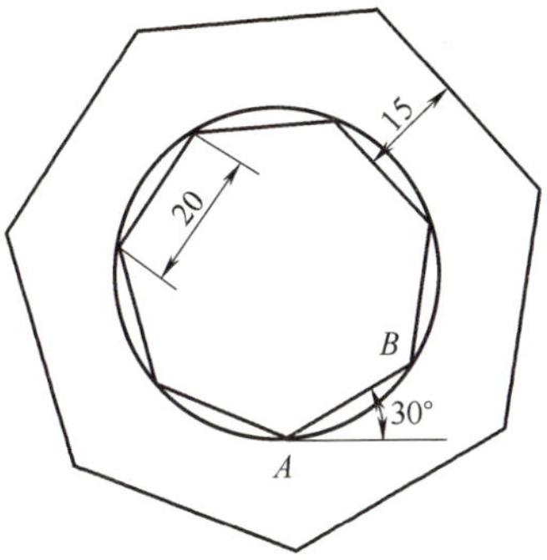 图 2-3-18	图 2-3-18
训练9	采用圆环和多段线等命令按1∶1的比例绘制图2-3-19所示的"禁止鸣笛标志"图形  图 2-3-19	图 2-3-19

续表

项目	训练内容	操作提示
训练10	采用多段线命令按1:1的比例绘制图2-3-20所示的双向箭头，箭头宽40，多段线中间部分宽12 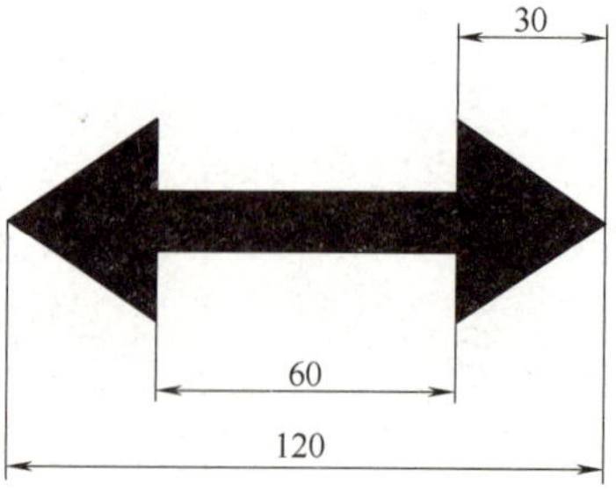 图2-3-20	图2-3-20
训练11	采用多段线命令按1:1的比例绘制图2-3-21所示的图形 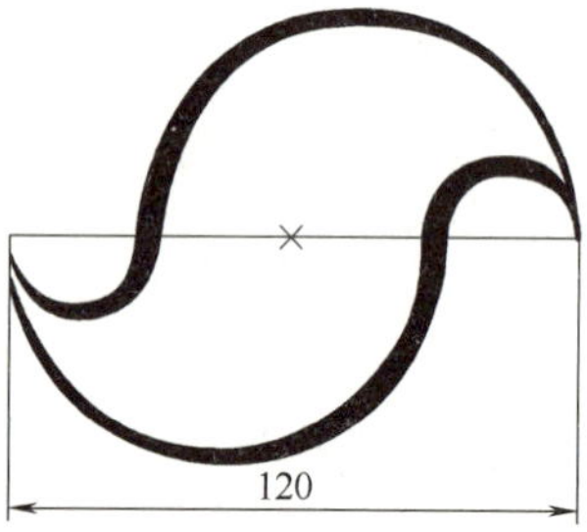 图2-3-21	图2-3-21
训练12	采用椭圆等命令按1:1的比例绘制图2-3-22所示的图形 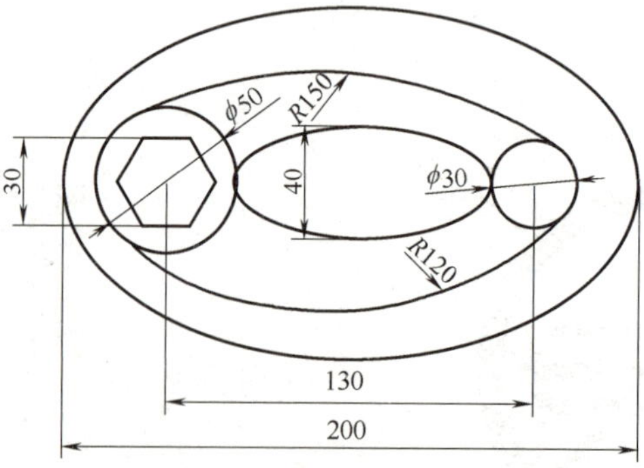 图2-3-22	图2-3-22

续表

项目	训练内容	操作提示
训练13	采用椭圆、旋转等命令按1:1的比例绘制图2-3-23所示的图形 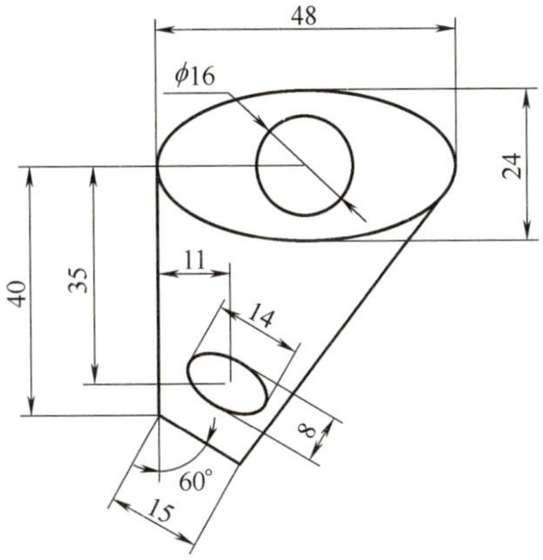 图 2-3-23	图 2-3-23

项目3
复杂平面图形的绘制

知识目标

- ◆ 掌握使用拉伸、拉长等"修改"命令编辑图形的方法；
- ◆ 掌握使用夹点命令编辑二维图形的方法；
- ◆ 掌握图层的新建及图层特性的设置与管理；
- ◆ 掌握标注样式的设置及基本尺寸的标注。

素质目标

- ◆ 在复杂平面图形绘制教学时，教师通过演示多种绘图方式，丰富学生的绘图思维，在强化训练中鼓励学生寻求适合自身的思维模式和绘图方式快速完成图形绘制，培养学生的创作热情和创新能力；
- ◆ 绘制复杂图形，除了要求学生熟练使用绘图命令，还需要求其认真、耐心、细致，培养形成严谨的工作态度，认真的工作作风，逐渐渗透到工匠精神。

任务1 槽轮绘制

学习任务单

任务名称	槽轮绘制
任务描述	新建图形文件，按以下要求完成图3-1-1 槽轮绘制 (1)建立合适的图形界限。 (2)创建以下图层： ①"中心线"图层：颜色设置为红色，线宽为默认，线型设置为Center，轴线绘制在该层上； ②"轮廓线"图层：颜色默认，线宽为0.30mm，轮廓线绘制在该层上。 (3)设置线型比例因子为0.2。 (4)按图中标注的尺寸1:1绘制图形，完成后将图形存入E盘根目录下，命名：槽轮.dwg 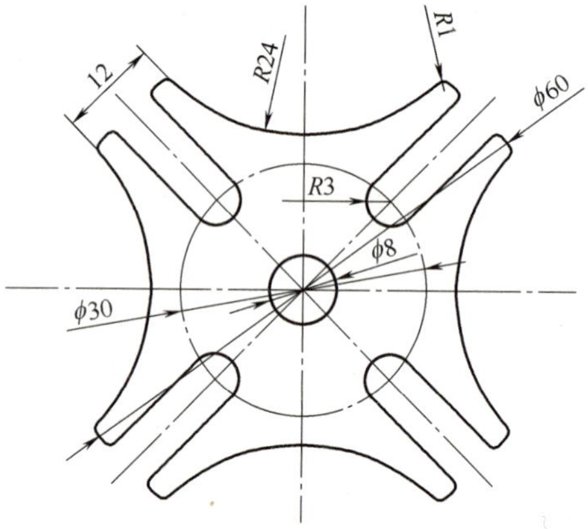 图 3-1-1 槽轮绘制
任务分析	根据槽轮尺寸，图形界限可设置为(100×100)，完成该图的绘制需要用到直线、圆、环形阵列、镜像、修剪、圆角等命令；图中轮廓线用了粗实线，中心线用了点画线，因此需要通过创建图层来完成

> 知识链接

一、图层创建与管理

1. 图层的概念

图层可看作是一张透明的纸，分别在不同的透明纸上画出一幅图形的各个不同部分，然后将它们重叠起来就是一幅完整的图形。绘图时，一般将属性相同或用途相同的图线置于同一图层。例如，将轮廓线置于一个图层中，将中心线置于另一个图层中，以后只要调整某一图层的属性，位于该图层上的所有图形对象的属性都会自动修改。

2. 新建图层

- 新建一个空白图形文件后，自带一个"0"图层；
- 在功能区"默认"选项卡的"图层"面板中单击"图层特性" 按钮；
- 在命令行输入"LAYER"并回车（快捷命令LA）。

执行上述功能区或命令行操作均可打开如图3-1-2所示的"图层特性管理器"窗口。 单击

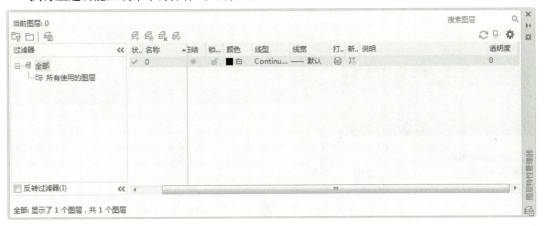

图3-1-2 "图层特性管理器"窗口

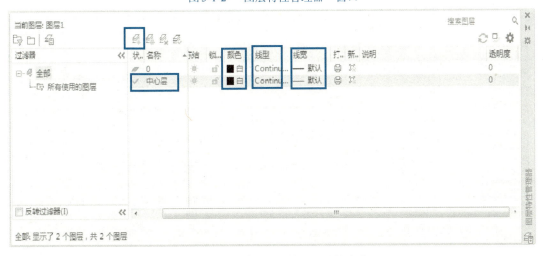

图3-1-3 新建图层并输入图层的名称

"图层特性管理器"窗口中的"新建图层" 按钮,或在图 3-1-2 所示的图层列表框中单击鼠标右键,从弹出的快捷菜单中选择"新建图层"菜单项,可新建一个名为"图层 1"的新图层。在名称编辑框中可更改新图层的名称,如"中心层",如图 3-1-3 所示。

3. 设置图层的颜色、线型与线宽

(1) 设置图层的颜色

单击图 3-1-3 中图层所在行的颜色块"■白",可打开如图 3-1-4 所示的"选择颜色"对话框,在"索引颜色"选项卡中选择所需颜色,如"洋红",最后单击确定按钮。

(2) 设置图层的线型

单击图 3-1-3 中图层所在行的"Continuous"选项,可打开如图 3-1-5 所示的"选择线型"对话框。如果该线型列表区中没有用户所需要的线型(默认情况下只有连续线型"Continuous"),可单击 加载(L)... 按钮,在打开的 "加载或重载线型"对话框中拖动右侧滚动条选择所需线型,如选择"CENTER",如图 3-1-6 所示。单击确定按钮返回至"选择线型"对话框,然后再选择新加载的线型"CENTER",并单击确认按钮,完成线型设置工作。

(3) 设置图层的线宽

新创建的图层的线宽为"默认",在标注尺寸或绘制细线时一般无须改变。如果要绘制

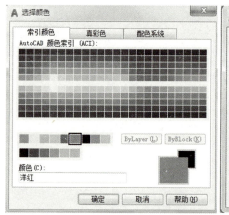

图 3-1-4 设置图层的颜色

图 3-1-5 "选择线型"对话框

图 3-1-6 加载所需线型

图 3-1-7 选择所需线宽

粗线，可单击该图层所在行的"默认"选项，打开"线宽"对话框，然后选择所需线宽，如图 3-1-7 所示。

> **提示**
>
> 图层线宽的默认值为 0.25 mm。图形的线宽只有大于 0.25mm，打开状态栏中的"显示/隐藏线宽"开关，才能在绘图区中看到图形的线宽效果。

4. 设置当前图层

AutoCAD 中的所有绘图操作都是在当前图层中进行的，要将所需图层设置为当前图层，可在"图层特性管理器"窗口的图层列表中选择要设置的图层，然后单击"置为当前"按钮 ；或者双击该图层的名称；也可以在功能区"默认"选项卡的"图层"面板中单击已显示图层右侧的三角形 ，再单击需置为当前层的图层，如图 3-1-8 所示。

图 3-1-8 当前层设置

5. 删除图层

在"图层特性管理器"选项板中选中要删除的图层，然后单击"删除图层"按钮 ，也可对准该图层按鼠标右键，在弹出的快捷菜单中选择"删除该图层"或直接按 [Delete] 键。

> **提示**
>
> 系统默认的 0 图层、包含图形对象的图层、当前图层、Defpoints（进行尺寸标注时系统自动生成的）图层和依赖外部参照的图层不能被删除。

6. 关闭、隔离、冻结、锁定图层

绘图过程中，可根据绘图需要随时单击"图层"下拉列表中各选项前的相关开关，以关闭、冻结或锁定图层，如图 3-1-9 所示。当文件中的图层较多时，使用上述控制图层状态的方法将会很不方便。这种情况下最方便的方法是直接单击功能区"默认"选项卡的"图层"面板中"根据指定对象控制该对象所在图层状态"的相关按钮。例如，想要隐藏、隔离、冻结、锁定某个图层，或将某个图层设为当前图层，只需在绘图区中选中该图层上的任意一个图形对象，然后单击"图层"面板中的"关闭""隔离""冻结""锁定"按钮，如图 3-1-10 所示。

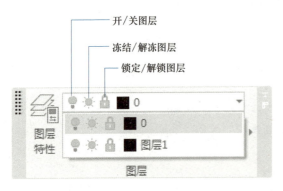
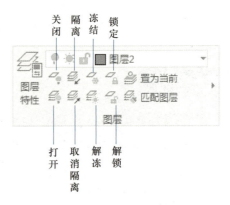

图3-1-9 "图层"下拉列表　　　　　图3-1-10 "图层"面板

① 关闭图层：关闭选定对象的图层。关闭选定对象的图层可使该对象不可见。如果在处理图形时需要不被遮挡的视图，或者如果不想打印细节（例如参考线），则此命令将很有用。

② 隔离图层：隐藏或锁定除选定对象的图层之外的所有图层。根据当前设置，除选定对象所在图层之外的所有图层均将关闭，在当前布局视口中冻结或锁定。

③ 冻结图层：冻结选定对象的图层。冻结图层上的对象不可见。在大型图形中，冻结不需要的图层将加快显示和重生成的操作速度。在布局中，可以冻结各个布局视口中的图层。

④ 锁定图层：锁定选定对象的图层。使用此命令，图形虽可见，但不能修改，可以防止意外修改图层上的对象。

单击功能区"默认"选项卡的"图层"面板中相应按钮，可以打开、取消隔离、解锁及解冻图层，如图3-1-10所示。

二、"非连续型"线型比例因子修改

线型比例因子数值的大小是代表不连续型线型单位长度内组成线型的基本单元（线段或点）的重复次数，数值越小表明单位长度内线型单元重得越多，反之越少。当图限较大时如果重复过多，点画线或虚线中的线段过密，看起来就像一条实线；但当图限较小时，如果重复过少，所画的线中可能只有线型的一个基本单元线段，因此看起来也是实线。所以画图时，为了正常显示不连续线型（虚线、中心线等），常需要根据绘图界限大小合理设置线型比例因子。系统默认的线型比例因子为1，当绘图界限比系统默认图形界限（420×297）小时，一般要调小比例因子，反之则应调大。

一般可用以下两种方法来修改线型比因子：

- 命令行：输入 LINETYPE 后按<Enter>键（快捷命令：LT）；
- 菜单栏：单击"格式→线型…"命令。

执行上面任一种命令，打开"线型管理器"对话框。单击该对话框中的 显示细节(D) 按钮，该对话框底部将出现"详细信息"设置区，与此同时， 显示细节(D) 按钮变为 隐藏细节(D) 按钮，如图3-1-11所示。在对话框中"详细信息"设置区的"全局比例因子"

编辑框中输入新的比例值，如0.2，然后按"确认"按钮。

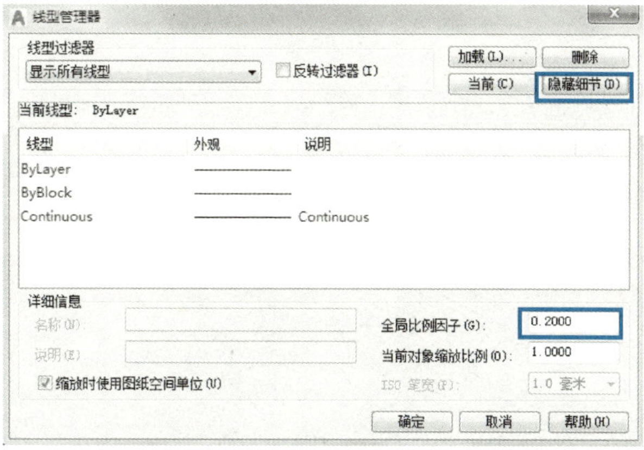

图3-1-11 线型管理器窗口

三、拉伸

使用拉伸命令可以将所选择的图形对象按照规定的方向和角度进行拉伸或缩短，并且被选对象的形状会发生变化。该命令的调用方法如下：

- 功能区：在"默认"选项卡的"修改"面板中单击"拉伸"按钮；
- 命令行：输入STRETCH后按<Enter>键（快捷命令：S）；
- 菜单栏：选择"修改→拉伸"命令。

四、拉长

拉长命令在编辑直线、圆弧、多段线、椭圆弧和样条曲线时经常使用，它可以拉长或缩短线段，以及改变弧的角度。可以将更改指定为百分比、增量、最终长度或角度。调用该命令的方法如下：

- 功能区：在"默认"选项卡的"修改"面板中单击"拉长"按钮；
- 命令行：输入LENGTHEN后按<Enter>键（快捷命令：LEN）；
- 菜单栏：选择"修改→拉长"命令。

在执行命令过程中，各选项的含义如下：

❖ 增量（DE）：以指定的增量修改对象的长度，该增量从距离选择点最近的端点处开始测量。正值拉长对象，负值缩短对象。

❖ 百分数（P）：以相对于原长度的百分比来修改直线或圆弧的长度。

❖ 全部（T）：给定直线新的总长度或圆弧的新包含角来改变长度。

❖ 动态（DY）：允许动态地改变圆弧或直线的长度。打开动态拖动模式通过拖动选定对象的端点之一来更改其长度，其他端点保持不变。

任务实施单

方法步骤	图示
步骤1　新建文件,建立图形界限(100×100)	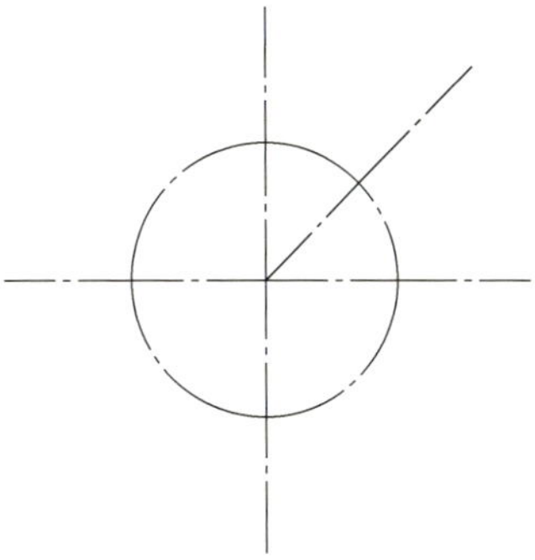
步骤2　创建如下图层: (1)"中心线"层:颜色设置为红色,线宽为默认,线型设置为Center; (2)"轮廓线"层:线宽为0.30mm	
步骤3　绘制中心线 (1)将中心线层置为当前层,并将线型比例因子进行合理调整(如0.2); (2)在图中合理位置绘制两正交的中心线,并绘制一条与水平夹角为45°的中心线; (3)绘制直径为30的中心圆	图3-1-12(a)
步骤4　绘制圆和轮槽 (1)将轮廓层置为当前层; (2)调用圆命令,分别绘制半径为4,3,30的圆; (3)通过偏移、修剪、圆角等命令绘制一个轮槽	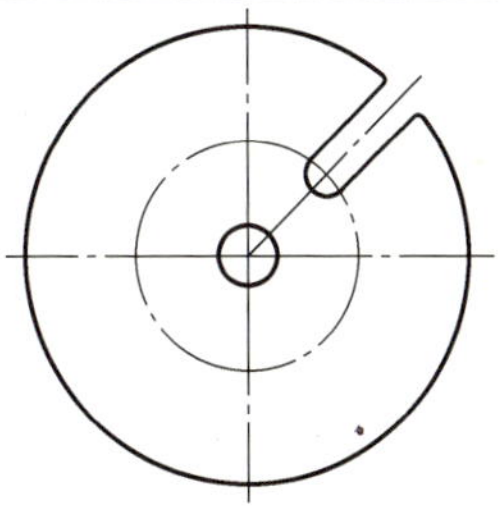 图3-1-12(b)
步骤5　绘制半径为24的圆弧 (1)将轮槽中心线向上侧偏移6; (2)镜像轮槽、上述偏移的中心线及圆角等; (3)利用起点-端点-半径的方式画半径为24的圆弧	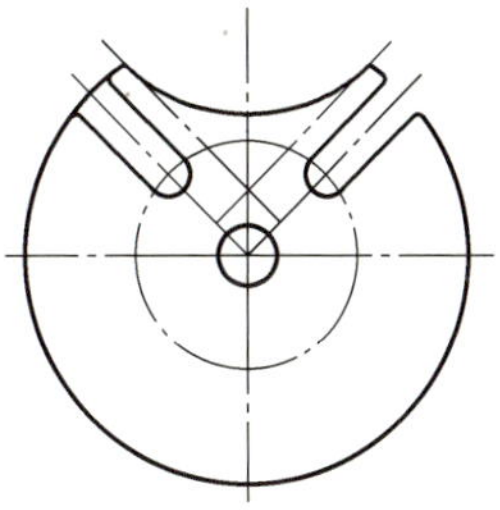 图3-1-12(c)
步骤6　完成槽轮的绘制 (1)镜像轮槽; (2)环形阵列R24圆弧; (3)删除、修剪多余线条; (4)倒圆角	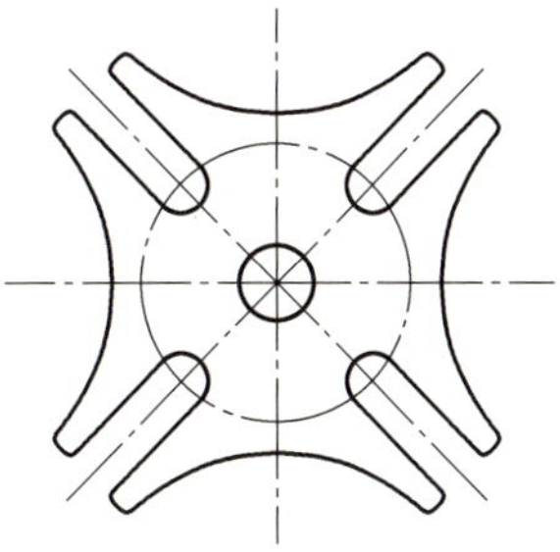 图3-1-12(d)

项目3　复杂平面图形的绘制

强化训练

序号	训练内容	操作提示
训练1	新建图形文件,按下列要求绘制图3-1-13。 (1)建立合适的图限。 (2)创建以下图层: ①"中心线"图层:颜色设置为红色,线宽为默认,线型设置为Center,轴线绘制在该层上; ②"轮廓线"图层:颜色默认,线宽为0.30mm,轮廓线绘制在该层上; ③"细线"图层:颜色默认,线宽默认,剖面线绘制在该层上。 (3)设置线型比例因子为0.2。 (4)按图中标注的尺寸1:1绘制图形。 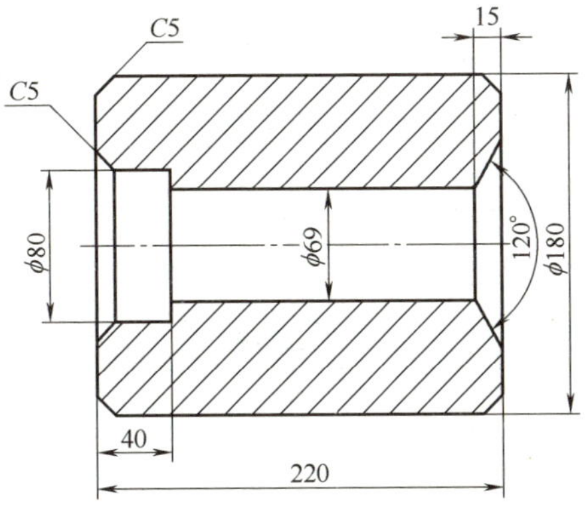 图 3-1-13	图 3-1-13
训练2	新建图形文件,按下列要求绘制图3-1-14。 (1)建立合适的图限。 (2)创建以下图层: ①"中心线"图层:颜色设置为红色,线宽为默认,线型设置为Center,轴线绘制在该层上; ②"轮廓线"图层:颜色默认,线宽为0.30mm,轮廓线绘制在该层上。 (3)设置线型比例因子为0.2。 (4)按图中标注的尺寸1:1绘制图形。 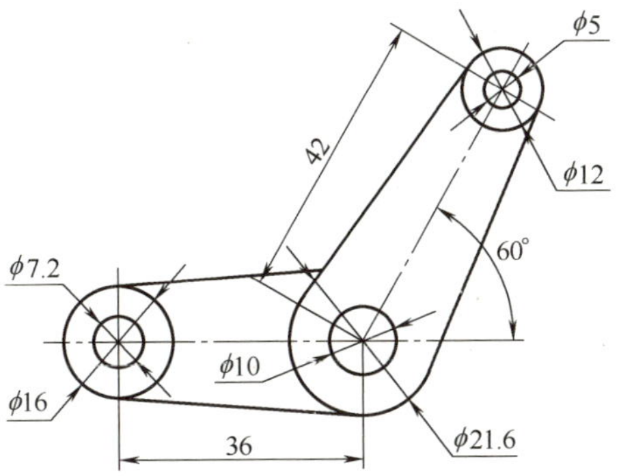 图 3-1-14	图 3-1-14

项目3 复杂平面图形的绘制

续表

序号	训练内容	操作提示
训练3	新建图形文件，按下列要求绘制图3-1-15。 (1)建立合适的图限。 (2)创建以下图层： ①"中心线"图层：颜色设置为红色，线宽为默认，线型设置为Center，轴线绘制在该层上； ②"轮廓线"图层：颜色默认，线宽为0.30mm，轮廓线绘制在该层上。 (3)设置线型比例因子为0.2。 (4)按图中标注的尺寸1:1绘制图形。 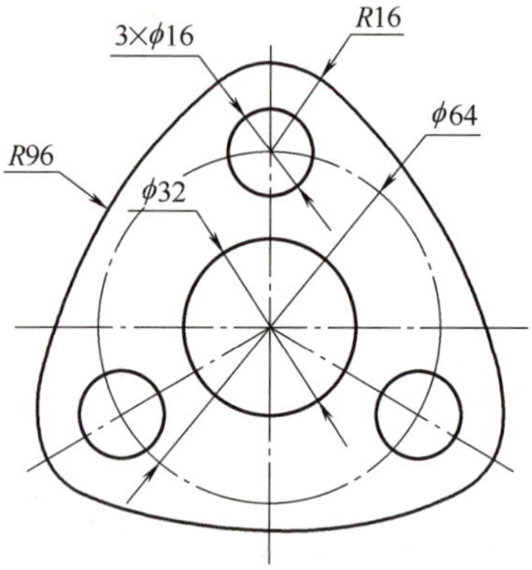 图3-1-15	图3-1-15
训练4	新建图形文件，按下列要求绘制图3-1-16。 (1)建立合适的图限。 (2)创建以下图层： ①"中心线"图层：颜色设置为红色，线宽为默认，线型设置为Center，轴线绘制在该层上； ②"轮廓线"图层：颜色默认，线宽为0.30mm，轮廓线绘制在该层上。 (3)按图中标注的尺寸1:1绘制图形。 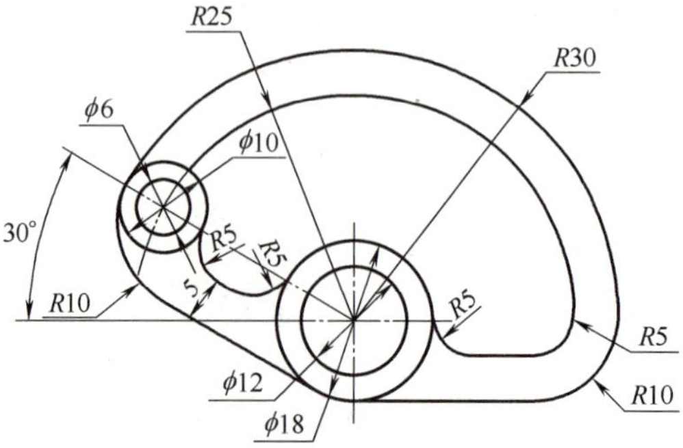 图3-1-16	图3-1-16

任务2　吊钩绘制

学习任务单

任务名称	吊钩绘制
任务描述	(1)新建图形文件,建立合适的图形界限。 (2)按要求创建以下图层: ①"中心线"图层:颜色设置为红色,线宽为默认,线型设置为Center,轴线绘制在该层上; ②"轮廓线"图层:颜色默认,线宽为0.30mm,轮廓线绘制在该层上; ③"标注"图层:颜色设置为蓝色,线宽为默认,尺寸标注绘制在该层上。 (3)设置线型比例因子为0.3。 (4)按图3-2-1中标注的尺寸1:1绘制图形。 (5)合理标注尺寸 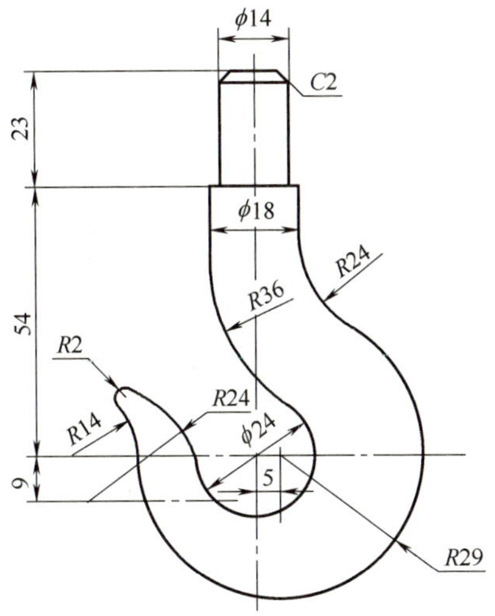 图3-2-1　吊钩绘制
任务分析	根据吊钩尺寸,图形界限可设置为(210×297)。图3-2-1中,部分线段既有定形尺寸又有定位尺寸,可直接画出,如$\phi 24$mm和$R29$mm的圆。另一部分线段只有定形尺寸和一个方向的定位尺寸,要在相邻线段画了后,再根据连接关系(如相切)通过几何作图的方法找出另一方向上定位尺寸才能画出(如圆弧$R24$)。还有一部分线段只有定形尺寸没有定位尺寸(如圆弧$R36$、$R2$),要在相邻线段全部画出后才能画出。完成该图的绘制需要用到直线、圆、偏移、修剪、圆角、倒角等命令;要合理标注尺寸,需要掌握标注方法及标注样式的合理设置

项目3　复杂平面图形的绘制

> 知识链接

一、夹点

在使用CAD软件绘图的时候，选中一个图形时，图形亮显的同时会显示一些蓝色的小块，这些小块就是夹点，如图3-2-2所示。

在AutoCAD中，夹点是一种集成的编辑模式，实用性强，可以对对象采用"拉伸、移动、旋转、缩放以及镜像"5种方法来设置夹点操作模式，为绘制图形提供了一种方便快捷的编辑途径。

单击激活夹点使其变为热态后，可以使用默认夹点模式"拉伸、移动或缩放"（对于矩形、多边形等图形可进行拉伸；对于直线等图形可移动；对于圆等图形可缩放）图形，在选定的夹点上右击，可以弹出快捷菜单显示所有可用选项，如图3-2-3 所示。

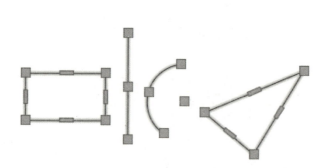

图3-2-2　夹点

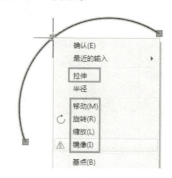

图3-2-3　在激活的夹点上右击

二、标注

标注尺寸是一项极为重要的工作，必须一丝不苟、认真细致。如果尺寸有遗漏或错误，都会给生产带来困难和损失。使用AutoCAD绘图，对图形标注尺寸时必须遵循国家标准尺寸标注法中的有关规则。AutoCAD提供了线性、半径、直径和角度等基本标注类型，可以用于水平、垂直、对齐、旋转、坐标、基线或连续等标注。

1. 调用尺寸标注命令

在AutoCAD中，用户可以利用以下方式调用尺寸标注命令：

- 功能区：在"注释"选项卡中单击"标注"面板，如图3-2-4 所示；
- 功能区：在"默认"选项卡中单击"注释"面板，如图3-2-5所示；
- 菜单栏：单击"标注"在弹出的下拉菜单中选择；
- 菜单栏：单击"工具→工具栏→AutoCAD→标注"，调出标注工具栏，如图3-2-6 所示。

2. 编辑标注样式

标注前一般要修改或新建标注样式。AutoCAD 提供了"标注样式管理器"，用户可以

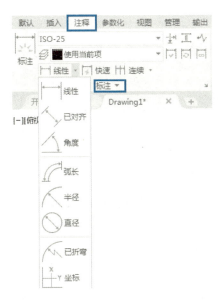
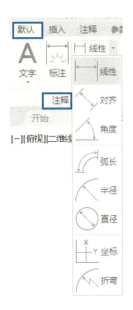

图3-2-4 "标注"面板　　　　　　　　图3-2-5 "注释"面板

图3-2-6 标注工具栏

在此创建新的尺寸标注样式，管理和修改已有的尺寸标注样式。如果开始绘制新图形时选择了公制单位，则默认标准样式为ISO-25（国家标准化组织）。所有的尺寸标注都是在当前的标注样式下进行的，直到另一种样式设置为当前样式为止。

（1）调用"标注样式管理器"

"标注样式管理器"的调用方式通常有以下两种：

- 功能区：在"注释"选项卡中单击"标注"面板右下角的 ↘ 按钮；
- 菜单栏：执行"格式→标注样式"命令。

通过以上任一种方式可打开如图3-2-7所示"标注样式管理器"对话这框。

（2）创建标注样式

打开图3-2-7所式"标注样式管理器"对话框后，单击 新建(N)... 按钮，可创建新标注样式，如图3-2-8所示为创建新标注样式对话框。

新样式名：用于输入新样式名称；

基础样式：选择一种基础样式，新样式将在该基础样式的基础上进行修改，利用子样式的好处是，在主要尺寸参数一样的情况下，可以分别为线性尺寸、半径尺寸等标注设置不同的标注格式；

用于：指定新建标注样式的适用范围，指出要使用新样式的标注类型，包括所有标注、线性标注、角度标注、半径标注、直径标注、坐标标注、引线和公差等选项。默认设置为所有标注。

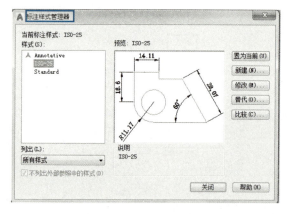

图3-2-7 "标注样式管理器"对话框

图3-2-8 创建新标注样式对话框

（3）修改标注样式

打开图3-2-7所示"标注样式管理器"对话框后，单击 修改(M)... 按钮，可修改标注样式，如图3-2-9所示为修改标注样式对话框。该对话框包括"线、符号和箭头、文字、调整、主单位、换算单位、公差"七个选项卡。其中应用较多的是"线、符号和箭头、文字、调整、主单位"等选项卡。

"线"选项卡：可设置、修改尺寸线的颜色、线宽、超出标记以及基线间距等；可设置、修改尺寸界线的颜色、线宽、超出尺寸线的长度和起点偏移量、隐藏等属性，如图3-2-10所示；

图3-2-9 修改标注样式对话框

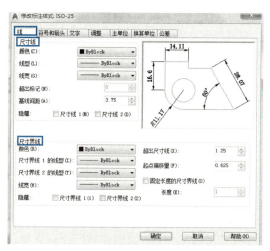

图3-2-10 "线"选项卡

"符号和箭头"选项卡：可以设置、修改尺寸线和引线箭头的类型及尺寸大小等，如图3-2-11所示；

"文字"选项卡：可以设置、修改标注文字的外观、位置和对齐方式等，如图3-2-12所示；

"调整"选项卡：可以设置"调整选项""文字位置""标注特征比例"和"优化"选项组等，如图3-2-13所示；

"主单位"选项卡：可以设置主单位的格式与精度等属性，如图3-2-14所示。

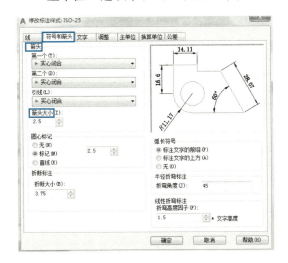

图3-2-11 "符号和箭头"选项卡

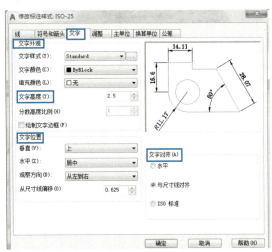

图3-2-12 "文字"选项卡

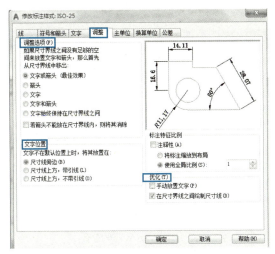

图3-2-13 "调整"选项卡

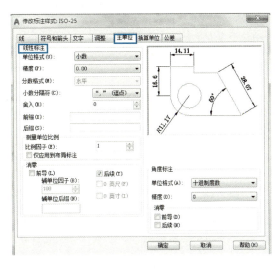

图3-2-14 "主单位"选项卡

(4) 标注样式替代

在对象标注中，如果要使某个标注元素与图形中的其他同种标注元素不一样，如图3-2-15 中的尺寸φ20，但又不想创建新标注样式，这种情况下，用户只需为当前样式创建"标注样式替代"，当用户将其他标注样式设置为当前样式后，标注样式替代被自动删除。创建标注样式替代的操作方法为：

打开图3-2-7 所示"标注样式管理器"对话框，在该对话框中单击"替代"按钮，弹出如图3-2-16 所示"替代当前样式"对话框，选择"文字"选项卡，在"文

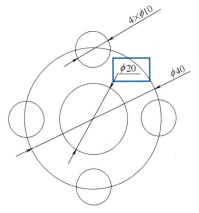

图3-2-15 不同直径标注样式

项目3 复杂平面图形的绘制

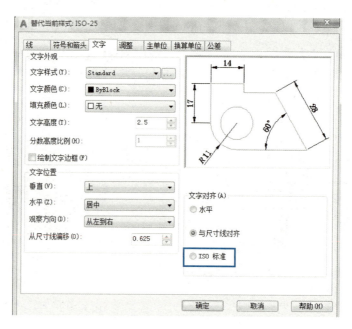

图3-2-16 "替代当前样式"对话框

字对齐"组中将文字对齐设置为"ISO标准",设置完成后单击"确定"按钮。

3. 尺寸标注方式

AutoCAD提供了多种尺寸标注方式,其标注方式的功能特点见表3-2-1。常用的有线性标注、对齐标注、半径标注、直径标注、角度标注、快速标注、连续标注、基线标注等。

表3-2-1 AutoCAD主要尺寸标注方式

序号	按钮	功能	命令	用处
1		线性标注	DIMLINEAR	标注水平、垂直型尺寸
2		对齐标注	DIMALIGNED	标注倾斜型线性尺寸
3		弧长标注	DIMARC	标注圆弧型尺寸
4		坐标标注	DIMORDINATE	标注坐标型尺寸
5		半径标注	DIMRADIUS	标注半径型尺寸
6		折弯标注	DIMJOGGED	折弯标注圆或圆弧的半径
7		直径标注	DIMDIAMETER	标注直径型尺寸
8		角度标注	DIMANGULAR	标注角度型尺寸
9		快速标注	QDIM	快速标注同一标注类型的尺寸

续表

序号	按钮	功能	命令	用处
10		基线标注	DIMBASELINE	标注基线型尺寸
11		连续标注	DIMCONTINUE	标注连续型尺寸
12		等距标注	DIMSPACE	调整线性标注或角度标注之间的距离
13		标注打断	DIMBREAK	在标注或尺寸界线与其他线重叠处打断标注或尺寸界线
14		公差	TOLERANCE	设置公差
15		圆心标记	DIMCENTER	圆心标记和中心线
16		检验	DIMINSPECT	创建与标注关联的加框检验信息
17		折弯线性	DIMJOGLINE	将折弯符号添加到尺寸线
18		更新	DIMSTYLE	用当前标注样式更新标注对象
19		编辑标注	DIMEDIT	编辑标注文字和更改尺寸界线角度
20		编辑标注文字	DIMTEDIT	移动和旋转标注文字，重新定位尺寸线

4. 编辑尺寸标注

编辑尺寸标注是指对已经标注的尺寸标注位置、文字位置、文字内容、标注样式等做出改变的过程。AutoCAD 提供了很多编辑尺寸标注的方式，如编辑命令、夹点编辑、通过快捷菜单编辑、通过"标注"快捷特性面板或"标注样式管理器"修改标注的格式等。其中，夹点编辑是修改标注最快、最简单的方法。

（1）拉伸标注

可以使用夹点或者STRETCH命令拉伸标注。

① 选中尺寸标注，把鼠标指针放在尺寸线与尺寸界线的交叉夹点位置，单击激活此夹点便可将尺寸界线拉伸，如图3-2-17（a）所示；

② 选中尺寸标注，把鼠标指针放在尺寸线与尺寸界线的交叉夹点位置，即出现快捷菜单，执行"拉伸"命令，如图3-2-17（b）所示。

（2）调整标注文字的位置

创建标注后，如果希望对标注文字的位置进行各种调整，可首先选中该标注，然后把鼠标指针放在标注文字处的夹点位置，即出现快捷菜单，可在快捷菜单中选择"随尺寸线移动、仅移动文字、随引线移动"等合适的文字位置选项，如图3-2-18所示。

（3）倾斜尺寸界线

默认情况下，尺寸界线都与尺寸线垂直。如果尺寸界线与图形中的其他对象发生冲突，可以创建倾斜尺寸界线，如图3-2-19所示。

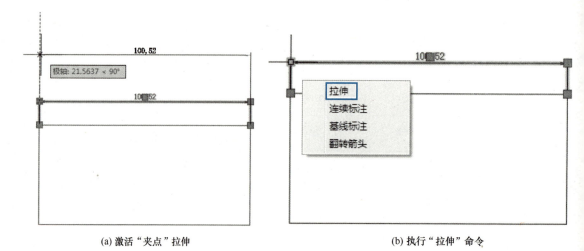

图 3-2-17 拉伸标注

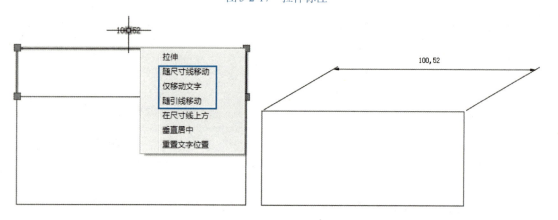

图 3-2-18 调整标注文字位置　　　图 3-2-19 倾斜尺寸界线

在 AutoCAD 中，执行倾斜命令的方法有以下几种：

- 功能区：在"注释"选项卡中单击"标注"面板中的"倾斜" 按钮；
- 菜单栏：执行 "标注 →倾斜"命令；
- 命令行：输入 DIMEDIT 后按<Enter>键。

任务实施单

方法步骤	图示
步骤1 新建文件,建立图限(210×297)	
步骤2 创建如下图层 (1)"中心线"层:颜色设置为红色,线宽为默认,线型设置为Center; (2)"轮廓线"层:线宽为0.30 mm; (3)"标注"层:颜色设置为蓝色,线宽为默认	
步骤3 设置线型比例因子 输入LT命令或单击"格式→线型"打开"线型管理器"窗口,设置全局比例因子为0.3	
步骤4 绘制定位中心线 将中心线层置为当前层,执行"直线"命令,在合理位置绘制水平和垂直中心线,并将水平中心线向上移	
步骤5 绘制吊钩上部直线 (1)将轮廓层置为当前层; (2)用矩形、偏移及直线命令绘制吊钩直线部分	图3-2-20(a)
步骤6 绘制$\phi 24$mm和$R29$mm的圆 以O_1为圆心12为半径画$\phi 24$mm的圆;以O_2为圆心29为半径画$R29$mm的圆	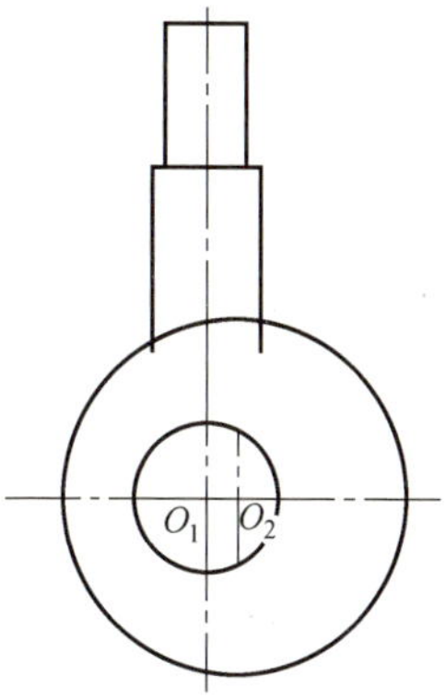 图3-2-20(b)
步骤7 绘制$R24$mm的圆弧 因$R24$mm圆弧的圆心纵坐标轨迹已知(水平中心线向下偏移9mm),另一坐标未知,所以属于中间圆弧。又因该圆弧与直径为$\phi 24$mm的圆外切,可以用外切原理求出圆心坐标轨迹。 (1)确定圆心。执行"偏移"命令,将水平中心线向下偏移9mm,得到直线ab;以O_1为圆心(12+24)为半径画辅助圆与直线ab交于O_3点,O_3即为$R24$连接圆弧圆心 (2)绘制连接圆弧。执行圆命令,以O_3为圆心24为半径,绘制半径为24mm的圆,并对圆作适当修剪	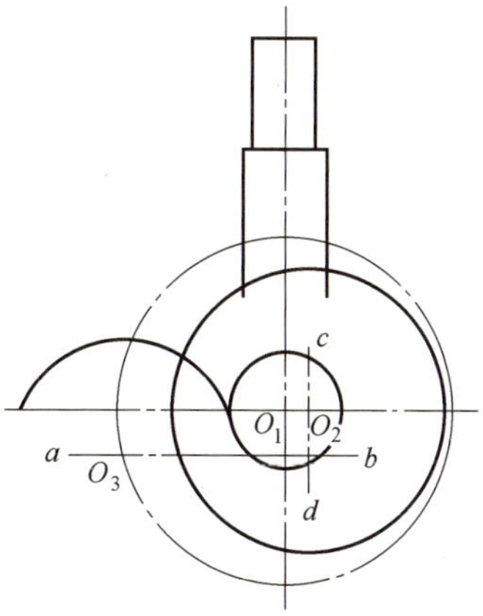 图3-2-20(c)

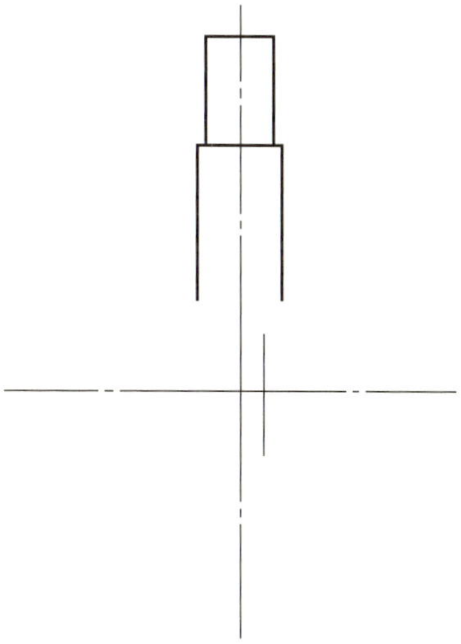

项目3 复杂平面图形的绘制

方法步骤	图示
步骤8 绘制 $R14\text{mm}$ 的圆弧 因 $R14\text{mm}$ 圆弧的圆心轨迹在水平中心线上,且该圆弧与直径为 $R29\text{mm}$ 的圆外切,同理可以用外切原理求出圆心坐标轨迹。 (1)确定圆心。以 O_2 为圆心 $(29+14)$ 为半径画辅助圆与水平中心线交于 O_4 点, O_4 即为 $R14$ 连接圆弧圆心。 (2)绘制连接圆弧。执行圆命令,以 O_4 为圆心 14 为半径,绘制半径为 14mm 的圆,并对圆作适当修剪	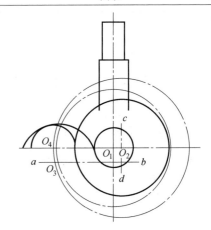 图 3-2-20(d)
步骤9 编辑修整最后图形 (1)删除辅助圆; (2)利用圆角命令分别倒钩尖处半径为 $R12\text{mm}$ 的圆弧及直线与圆相接处的 $R36\text{mm}$、$R24\text{mm}$ 的圆弧; (3)执行修剪命令(TR)修剪图形; (4)执行拉长命令(LEN)调整中心线长度,完成后的图形如图 3-2-20(e)所示; (5)倒角; (6)按要求标注尺寸	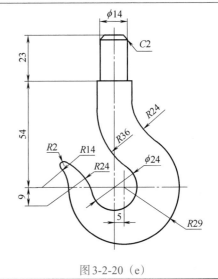 图 3-2-20(e)

强化训练

序号	训练内容	操作提示
训练1	新建图形文件,按以下要求绘制图3-2-21。 (1)建立合适的图形界限。 (2)按要求创建以下图层: ①"中心线"图层:颜色设置为红色,线宽为默认,线型设置为Center,轴线绘制在该层上; ②"轮廓线"图层:颜色默认,线宽为0.30mm,轮廓线绘制在该层上; ③"标注"图层:颜色设置为蓝色,线宽为默认,尺寸标注绘制在该层上。 (3)设置线型比例因子为0.3。 (4)按图中标注的尺寸1∶1绘制图形并标注尺寸 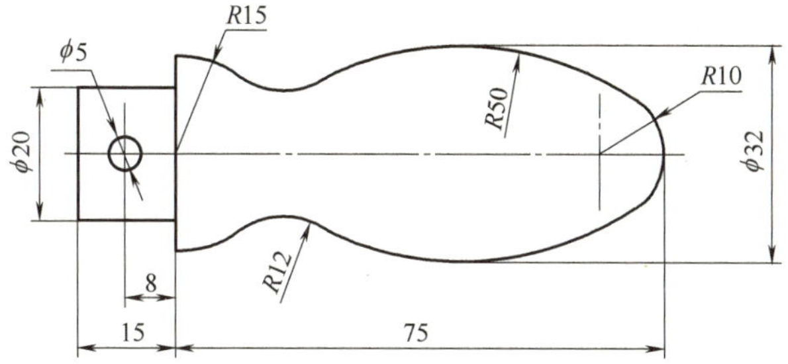 图3-2-21	图3-2-21
训练2	新建图形文件,按以下要求绘制图3-2-22。 (1)建立合适的图形界限。 (2)按要求创建以下图层: ①"中心线"图层:颜色设置为红色,线宽为默认,线型设置为Center,轴线绘制在该层上; ②"轮廓线"图层:颜色默认,线宽为0.30mm,轮廓线绘制在该层上; ③"标注"图层:颜色设置为蓝色,线宽为默认,尺寸标注绘制在该层上。 (3)设置线型比例因子为0.3。 (4)按图中标注的尺寸1∶1绘制图形并标注尺寸 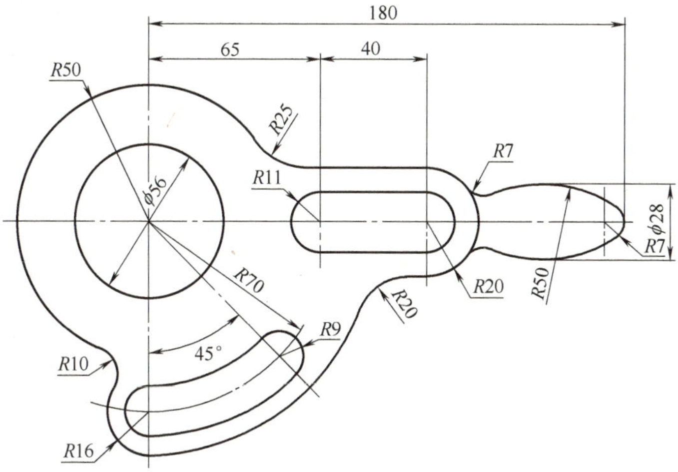 图3-2-22	图3-2-22

续表

序号	训练内容	操作提示
训练3	新建图形文件，按以下要求绘制图3-2-23。 (1)建立合适的图形界限。 (2)按要求创建以下图层： ①"中心线"图层：颜色设置为红色，线宽为默认，线型设置为Center，轴线绘制在该层上； ②"轮廓线"图层：颜色默认，线宽为0.30mm，轮廓线绘制在该层上； ③"标注"图层：颜色设置为蓝色，线宽为默认，尺寸标注绘制在该层上。 (3)设置线型比例因子为0.3。 (4)按图中标注的尺寸1∶1绘制图形并标注尺寸 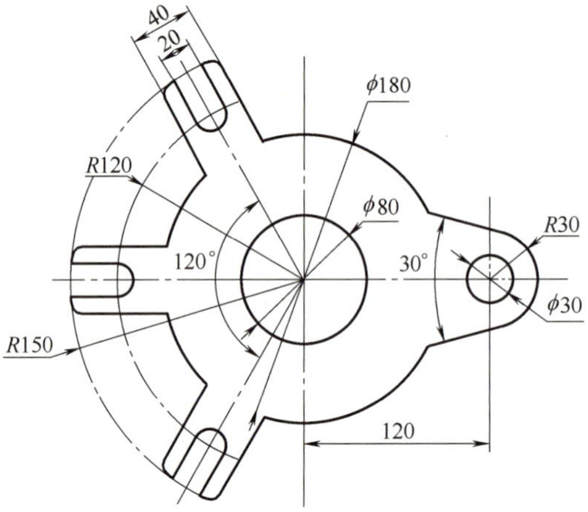 图3-2-23	图3-2-23
训练4	新建图形文件，按以下要求绘制图3-2-24。 (1)建立合适的图形界限； (2)按要求创建以下图层： ①"中心线"图层：颜色设置为红色，线宽为默认，线型设置为Center，轴线绘制在该层上； ②"轮廓线"图层：颜色默认，线宽为0.30mm，轮廓线绘制在该层上； ③"标注"图层：颜色设置为蓝色，线宽为默认，尺寸标注绘制在该层上。 (3)设置线型比例因子为0.3。 (4)按图中标注的尺寸1∶1绘制图形并标注尺寸	图3-2-24

续表

序号	训练内容	操作提示
训练4	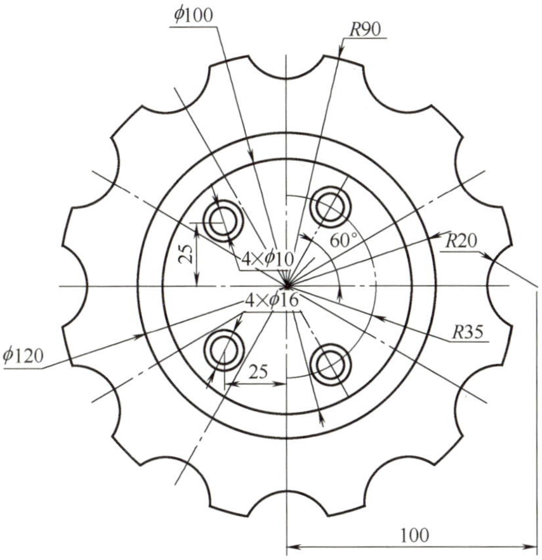 图 3-2-24	
训练5	新建图形文件，按以下要求绘制图 3-2-25。 (1) 建立合适的图形界限。 (2) 按要求创建以下图层： ①"中心线"图层：颜色设置为红色，线宽为默认，线型设置为Center，轴线绘制在该层上； ②"轮廓线"图层：颜色默认，线宽为0.30mm，轮廓线绘制在该层上； ③"标注"图层：颜色设置为蓝色，线宽为默认，尺寸标注绘制在该层上。 (3) 设置线型比例因子为0.3。 (4) 按图中标注的尺寸1:1绘制图形并标注尺寸 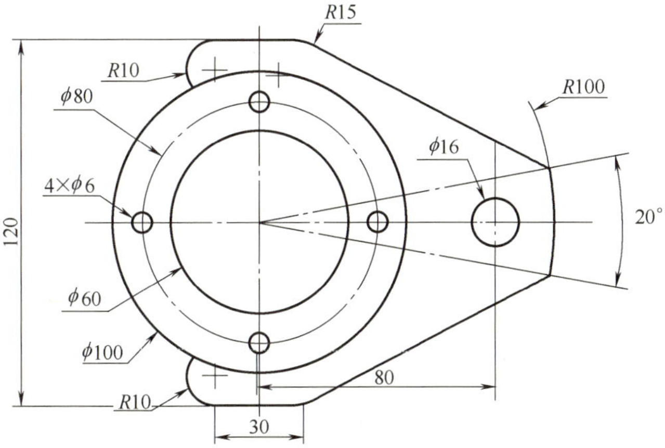 图 3-2-25	图 3-2-25

项目3 复杂平面图形的绘制

续表

序号	训练内容	操作提示
训练6	新建图形文件,按以下要求绘制图3-2-26。 (1)建立合适的图形界限。 (2)按要求创建以下图层: ①"中心线"图层:颜色设置为红色,线宽为默认,线型设置为Center,轴线绘制在该层上; ②"轮廓线"图层:颜色默认,线宽为0.30mm,轮廓线绘制在该层上; ③"标注"图层:颜色设置为蓝色,线宽为默认,尺寸标注绘制在该层上。 (3)设置线型比例因子为0.3。 (4)按图中标注的尺寸1∶1绘制图形并标注尺寸 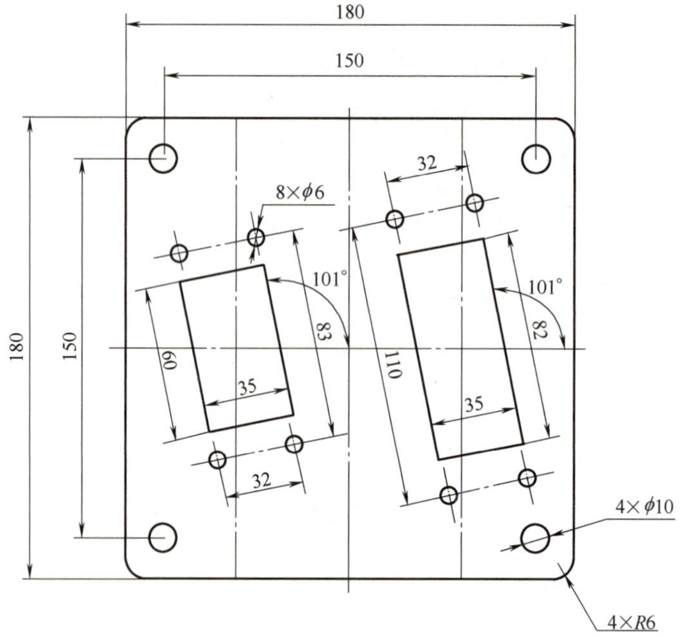 图3-2-26	图3-2-26

项目 4
工程零件图的绘制

知识目标

- ◆ 熟悉轴类零件、盘类零件及叉架类零件的常用画法技巧；
- ◆ 掌握尺寸公差、形位公差、引线的标注及编辑方法；
- ◆ 掌握文字的输入与编辑；
- ◆ 掌握图块的创建及应用方法；
- ◆ 掌握表格的创建与编辑；
- ◆ 了解对象的"特性""快捷特性"及"特性匹配"操作；
- ◆ 掌握样条曲线的绘制与编辑。

素质目标

- ◆ 介绍"尺寸标注"时，把国家标准和遵纪守法相互结合起来，培养学生注重细节、追求完美、一丝不苟、精益求精的工作作风。使遵守制造行业规范和国家标准成为学生的良好习惯，使其加深对大国工匠精神的理解。
- ◆ 在绘制与标注各类工程零件图时，培养学生认识表面质量与成本的关系，准确确定零件技术要求；传承注重细节、追求完美、一丝不苟、精益求精的工匠精神；培养学生根据零件特点，创新设计更合理的方案；认识到机械图样对企业的重要性，树立正确的职业道德观。

任务1　轴类零件图的绘制

学习任务单

任务名称	传动轴绘制
任务描述	新建图形文件，按以下要求完成图4-1-1所示传动轴绘制。 (1)建立合适的图形界限。 (2)创建如下图层： ①"中心线"图层：颜色设置为红色，线宽为默认，线型设置为Center，轴线绘制在该层上； ②"轮廓线"图层：线宽为0.30mm，零件的轮廓线绘制在该层上； ③"标注"图层：颜色设置为蓝色，线宽为默认，标注绘制在该层上； ④"细实线"图层：剖面线绘制在该层上，线宽设置为默认。 (3)精确绘图： ①根据注释的尺寸精确绘图，绘图方法和图形编辑方法不限； ②根据图形大小未注倒角选用C1~C2，未注圆角选用R1~R3； ③图示中有未标注尺寸的地方，按机械制图有关规范自行定义尺寸。 ④创建或修改标注样式，合理标注尺寸。 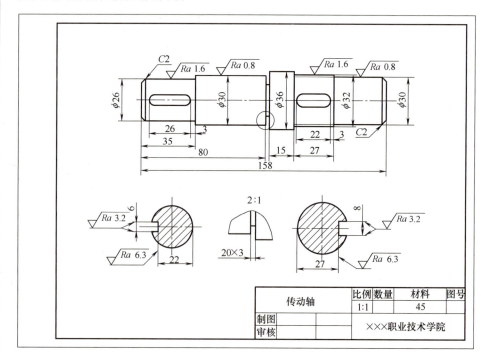 图4-1-1　传动轴绘制
任务分析	绘制该传动轴除主要用到前面介绍的直线、圆、矩形、移动、偏移等绘图与编辑修改命令外，还需用到样条曲线；除了要标注线性尺寸外，还需要标注尺寸公差、表面粗糙度，涉及图块的创建与编辑。标题栏最好用表格创建并用多行文字输入表格内容

> **知识链接**

一、样条曲线

1. 绘制样条曲线

在 AutoCAD 中,执行[样条曲线]命令的方法有以下几种。

- 在菜单栏中执行"绘图→样条曲线"命令,再在弹出的子菜单中选择"拟合点"或"控制点"命令;

- 功能区:在"默认"选项卡的"绘图"面板中单击"绘图"下拉按钮 绘图▼,在弹出的下拉列表中单击"样条曲线拟合"按钮 或单击"样条曲线控制点"按钮;

- 在命令行中输入 SPLINE 命令(快捷命令 SPL)。

样条曲线使用拟合点或控制点进行定义。在默认情况下,拟合点与样条曲线重合,而控制点定义控制框。控制框提供了一种便捷的方法,用来设置样条曲线的形状。每种方法都有其优点。

2. 编辑样条曲线

编辑样条曲线的命令可以通过以下方法调用:

- 在菜单栏中执行"修改→样条对象曲线"命令;

- 功能区:在"默认"选项卡的"修改"组面板中单击"修改"下拉按钮 修改▼,在弹出的下拉列表中单击"编辑样条曲线"按钮;

- 命令行:输入 SPLINEDIT 命令。

二、图块

在绘制工程图时,经常需要多次使用相同或类似的图形,如螺栓、螺母等标准件和表面粗糙度符号等图形。每次需要这些图形时都得重复绘制,不仅耗时费力,还容易发生错误。为了解决这个问题,AutoCAD 提供了图块的功能。用户可以把常用的图形创建成块,在需要时插入到当前图形文件中,从而提高绘图效率。

1. 图块的分类

图块可分为内部块和外部块两大类。

内部块:只能存在于定义该块的图形中,而其他图形文件不能使用该图块。

外部块:作为一个图形文件单独存储在磁盘等媒介上,可以被其他图形引用,也可以单独被打开。

2. 创建内部块

可以通过以下方法创建内部块:

- 功能区:在"默认"选项卡的"块"面板中单击"创建"按钮;

- 菜单栏:执行"绘图→块→创建"命令;

- 命令行:输入 BLOCK 命令(快捷命令 B)。

通过以上任一种方法激活块创建命令后,弹出如图 4-1-2 所示"块定义"对话框完成块的创建。

3. 创建外部图块

通过 BLOCK 命令创建的块只能存在于定义该块的图形中，不能应用到其他图形文件中。如果要让所有的 AutoCAD 文档共用图块，可以用 WBLOCK 命令（快捷命令 W）创建块，这种块称为外部块，可以将该图块作为一个图形文件单独存储在磁盘上。在命令行中输入 WBLOCK，按"Enter"键后打开"写块"对话框，如图 4-1-3 所示。

图 4-1-2 "块定义"对话框

图 4-1-3 "写块"对话框

其中各选项的含义如下：

源：指定块和对象，将其另存为文件并指定插入点；

块：将定义好的内部块保存为外部块，可以在下拉列表框中选择；

整个图形：将当前的全部图形保存为外部块；

对象：可以在随后的操作中设定基点并选择对象，该项为默认设置；

基点：指定块的基点，默认值是（0，0，0）；

拾取点：暂时关闭对话框以使用户能在当前图形中拾取插入基点；

保留：将选定对象另存为文件后，在当前图形中仍保留它们；

转换为块：将选定对象另存为文件后，在当前图形中将它们转换为块；

从图形中删除：将选定对象另存为文件后，从当前图形中删除；

选择对象：临时关闭该对话框以便可以选择一个或多个对象作为块以保存至文件；

目标：用于输入块的文件名和保存文件的路径。

4. 插入内部块

将块插入到图形中的操作非常简单，就如同在文档中插入图片一样。在插入块的过程中，还可以缩放和旋转块。

可以通过以下方法插入块：

● 功能区：在"默认"选项卡的"块"面板中单击"插入"按钮 ；

● 菜单栏：执行"插入→块选项板"命令；

● 命令行：输入 INSERT 命令（快捷命令I）。

通过以上任一种方法激活插入块命令，打开"插入"对话框，如图4-1-4所示。该对话框中部分选项功能如下：

插入点：可以在绘图窗口直接指定插入点，也可通过输入X、Y、Z坐标值来设置插入点；

比例：可以设置插入块的缩放比例；如果指定负的X、Y、Z比例因子，

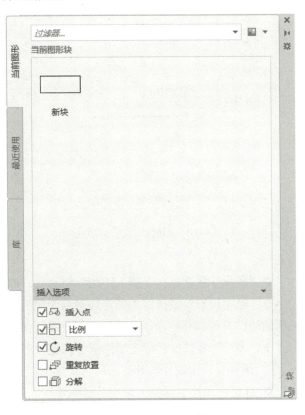

图4-1-4 "插入"对话框

则插入块的镜像图形，选中"统一比例"，则在X、Y、Z三个方向上的比例都相同；

旋转：设置插入块时的旋转角度；

分解：可以将插入的块分解成单独的基本图形对象。

5. 插入外部块

插入外部块的操作和插入内部块的操作基本相同，也是在"插入"对话框中完成的。外部块实际上是*.dwg图形文件。

6. 定义属性块

图块包含图形信息和非图形信息。图形信息是和图形对象的几何特征直接相关的属性，如位置、图层、线型、颜色等。非图形信息不能通过图形表示，而是由文本标注的方法表现出来，如日期、表面粗糙度值、设计者、材料等。我们把这种附加的文字信息称为块属性，利用块属性可以将图形的这些属性附加到块上，成为块的一部分。打开"属性定义"对话框的方法如下：

- 功能区：在"默认"选项卡的"块"面板中单击"定义属性"按钮；
- 菜单栏：执行"绘图→块→定义属性";
- 命令行：输入 ATTDEF 命令（快捷命令 ATT）。

通过以上任一种方式可打开如图4-1-5所示"属性定义"对话框，可以定义属性模式、属性标记、属性值、插入点及属性的文字选项。

图4-1-5 "属性定义"对话框

① 模式：通过复选框设定属性的模式，部分复选框的含义如下：

❖ "不可见"复选框：插入图块并输入图块的属性值后，该属性值不在图中显示出来。

❖ "固定"复选框：定义的属性值是常量，在插入图块时，属性值将保持不变。

❖ "验证"复选框：在插入图块时系统将对用户输入的属性值给出校验提示，以确认输入的属性值是否正确。

❖ "预设"复选框：在插入图块时将直接以图块默认的属性值插入。

❖ "锁定位置"复选框：锁定块参照中属性的位置。解锁后，属性可以相对于使用夹点编辑的块的其他部分移动，并且可以调整多行文字属性的大小。

❖ "多行"复选框：指定属性值可以包含多行文字，并且允许指定属性的边界宽度。

② 属性：设置属性。其各选项含义如下：

❖ 标记：属性的标签，该项是必须要输入的。

❖ 提示：作为输入时提示用户的信息。

❖ 默认：用户设置的属性值。

③ 插入点：设置属性插入位置。可以通过输入坐标值来定位插入点，也可以在屏幕上指定。

④ 文字设置：具体包括4种方式。

❖ 对正：其右侧的下拉列表框中包含了所有的文本对正类型，可以从中选择一种对正方式。

❖ 文字样式：可以选择已经设定好的文字样式。

❖ 文字高度：定义文本的高度，可以直接由键盘输入。

❖ 旋转：设定属性文字行的旋转角度。

⑤ 在上一个属性定义下对齐：如果前面定义过属性，则该项可以使用。当前属性定义的插入点和文字样式将继承上一个属性的性质，不需要再定义。

7. 编辑块属性

用"增强属性管理器"可以对属性文本的内容和格式进行修改。增强属性管理器的打开方式如下：

- 功能区：在"默认"选项卡的"块"面板中单击 编辑属性 ▼ 按钮下的"单个"按钮 。
- 菜单栏：执行"修改→对象→属性→单个"命令。
- 命令行：输入 EATTEDIT 命令。

通过以上任一方式执行命令，并选择要编辑的块后，可打开如图4-1-6所示"增强属性管理器"对话框（本对话框是以选择粗糙度块为例）。

"增强属性编辑器"对话框中各选项功能如下：

❖ "属性"选项卡：显示了块中每个属性的标记、提示和值。在列表框中选择某一属性后，在"值"文本框中将显示出该属性对应的属性值，可以在此修改属性值。

❖ "文字选项"选项卡：用于编辑属性文字的格式，包括文字样式、对正、高度、旋转、反向、倒置、宽度因子和倾斜角度等，如图4-1-7所示。

❖ "特性"选项卡：用于设置属性所在的图层、线型、线宽、颜色及打印样式等。

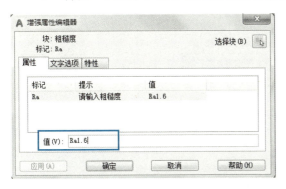
图4-1-6 "增强属性管理器"对话框

图4-1-7 "文字选项"选项卡

8. 块属性管理器

使用"块属性管理器"可以管理块的属性定义。打开"块属性管理器"对话框的方法如下：

- 功能区：在"默认"选项卡的"块"面板中单击"块属性管理器"按钮 。
- 菜单栏：执行"修改→对象→属性→块属性管理器"命令。
- 命令行：输入 BATTMAN 命令。

通过以上任一方式执行命令，可打开如图4-1-8所示"块属性管理器"对话框（本对话框是以选择粗糙度块为例）。

"块属性管理器"对话框中各选项功能如下：

❖ 选择块：单击该按钮，可以在绘图区域选择块。

❖ 块：在下拉列表框中显示具有属性的全部块，可选择要编辑的块（图4-1-8中选择了粗糙度块）。

❖ 同步：更新修改的属性定义。

❖ 上移：向上移动选中的属性。

❖ 下移：向下移动选中的属性。

项目4 工程零件图的绘制 101

图 4-1-8 "块属性管理器"对话框

❖ 编辑：单击该按钮，可以打开"编辑属性"对话框，使用该对话框可以修改属性特性，如图 4-1-9 所示。
❖ 删除：删除块定义中选中的属性。
❖ 设置：单击该按钮，打开"块属性设置"对话框，可以设置在"块属性管理器"中显示的属性信息，如图 4-1-10 所示。

图 4-1-9 "编辑属性"对话框

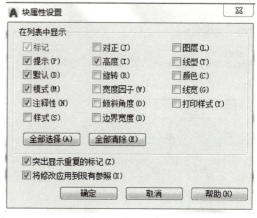

图 4-1-10 "块属性设置"对话框

❖ 应用：将所做的属性更改应用到图形中。

三、外部参照

CAD 中可以将图纸 A 完整地插入到图纸 B 中，而且，如果对图纸 A 进行了修改，图纸 B 中引用的图纸 A 也自动发生改变，这种"图纸引用"在 CAD 中被称为"外部参照"。外部参照与图块有着实质的区别，用户一旦插入图块，此图块就永久地被插入到当前图形中，并不随原始图形的改变而更新，而外部参照被插入到某一个图形文件中，虽然也会显示，但不能直接编辑，它只是起链接作用，将参照图形链接到当前图形。

外部参照使多专业协同设计成为可能。例如在一些设计院，建筑专业提供底图，其他专业将建筑底图作为外部参照插入到自己的图纸中，然后在此基础上绘制专业设备，当建筑专业修改底图后，各专业的底图自动更新。当我们绘制工程图需要使用标准的图框时，可以用外部参照的方式将标准图框插入到图中。

调用外部参照命令的方法如下：

- 功能区：在"插入"选项卡的"参照"面板中单击"附着"按钮。
- 命令行：输入 XATTACH 或 ATTACH 命令。

通过以上任一方式执行命令，选择要插入的外部参照文件后，可打开如图 4-1-11 所示"附着外部参照"对话框，对话框中部分选项的含义如下：

❖ "参照类型"选项组：在该选项组中指定外部参照的类型。

❖ "附着型"单选按钮：选中该单选按钮，表示指定外部参照将被附着而非覆盖。附着外部参照后，每次打开外部参照原图形时，对外部参照文件所做的修改都将反映在插入的外部参照图形中。

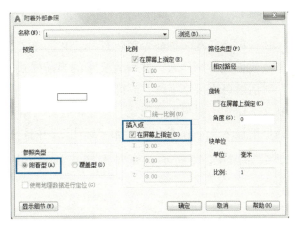

图 4-1-11 "附着外部参照"对话框

❖ "覆盖型"单选按钮：选中该单选按钮，表示指定外部参照为覆盖型，当图形作为外部参照被覆盖或附着到另一个图形时，任何附着到该外部参照的嵌套覆盖图将被忽略。

❖ "路径类型"下拉列表框：指定外部参照的保存路径。将路径类型设置为"相对路径"之前，必须保存当前图形。

四、文本

1. 文字样式

按照国家技术制图标准规定，各种专业图样中文字的字体、字宽、字高都有一定的标准。为了达到国家标准的要求，在输入文字以前，首先要设置文字样式或者调用已经设置好的文字样式。文字样式用来控制文字的字体、高度，以及颠倒、反向、垂直、宽度比例、倾斜角度等效果。默认情况下，AutoCAD 自动创建一个名为 Standard 的文字样式。

通过"文字样式"对话框，可新建文字样式。打开该对话框的方法如下：

- 功能区：在"注释"选项卡的"文字"面板中单击右下的 ↘ 按钮，或单击文字样式列表中"Standard"右边的下拉按钮，在弹出的下拉列表框中选择"管理文字样式"选项，如图 4-1-12 所示。
- 功能区：在"默认"选项卡中单击"注释"面板中"注释"右边的下拉按钮，在弹出的下拉列表框中单击"文字样式"按钮，如图 4-1-13 所示。
- 菜单栏：在菜单栏中执行"格式→文字样式"命令。
- 命令行：输入 STYLE 命令。

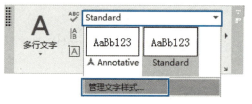

图4-1-12 选择"管理文字样式"选项　　　　　　图4-1-13 单击"文字样式"按钮

　　执行以上任意一种命令都将打开"文字样式"对话框，如图4-1-14所示，利用该对话框可修改或创建文字样式，并设置文字的当前样式。系统默认类型为Standard，通过"文字样式"对话框可直接修改字体、高度，以及颠倒、反向、垂直、宽度比例、倾斜角度等。若要生成新文本样式，则单击"新建"按钮，打开"新建文字样式"对话框，如图4-1-15所示。在对话框中输入文字样式名称，如"标注"，并且单击"确定"按钮。如果要应用某个文字样式，需如图4-1-15所示，在左侧样式列表中选中该样式，再单击右上角的 置为当前(C) 按钮。

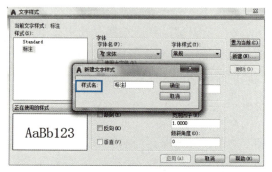

图4-1-14 "文字样式"对话框　　　　　　　　　图4-1-15 新建文字样式

> **提示**
>
> 　　在设置文字倾斜、指定文字倾斜角度时，如果角度值为正数，则其方向是向右倾斜；如果角度值为负数，则其方向是向左倾斜。

2. 单行文本

（1）输入单行文字

　　单行文字可以创建一行或多行文字，其中，每行文字都是独立的实体，用户可以对其进行重定位、调整格式或修改等操作。在默认情况下，工作界面不显示单行文字名。单行文字主要用于不需要多种字体和多行文字的简短输入。执行单行文字命令的方法有以下几种：

● 功能区：在"注释"选项卡的"文字"面板中单击"单行文字"按钮 A，如图4-1-16所示。

- 功能区：在"默认"选项卡的"注释"面板中单击"单行文字"按钮 A，如图4-1-17所示。
- 菜单栏：在菜单栏中执行"绘图→文字→单行文字"命令。
- 命令行：输入DTEXT命令（快捷命令：DT）。

 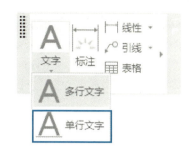

图4-1-16 "文字"面板中单击"单行文字"　　图4-1-17 "注释"面板中单击"单行文字"

（2）编辑单行文本

常用编辑单行文本的方法有以下两种：

- 选择文本对象后，右击，在弹出的快捷菜单中执行"快捷特性"命令，如图4-1-18所示。
- 在命令行中执行QUICKPROPERTIES命令，选择文本对象后，右击。

执行以上任意命令后，打开"文字"选项板，在激活的窗口中可对所选单行文字的"图层、内容、样式、对正、高度、旋转角度"等进行修改，如图4-1-19所示。

 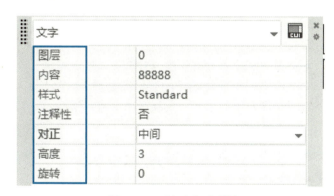

图4-1-18 执行"快捷特性"命令　　图4-1-19 "文字"选项板

提示

如果只编辑修改单行文本的内容，可以用以下几种方式：
- 在菜单栏中执行"修改→对象→文字→编辑"命令；
- 在命令行中输入DDEDIT命令；
- 直接用鼠标双击文字。

项目4　工程零件图的绘制

3. 多行文本

（1）输入多行文字

多行文字又称为段落文字，它可以由两行以上的文字组成一个实体。多行文字只能进行整体选择、编辑。执行多行文字命令的方法有以下几种：

- 功能区：在"注释"选项卡的"文字"面板中单击"多行文字"按钮 A。
- 功能区：在"默认"选项卡的"注释"面板中单击"多行文字"按钮 A。
- 菜单栏：在菜单栏中执行"绘图→文字→多行文字"命令。
- 命令行：输入 MTEXT 命令（快捷命令 MT）。

执行以上任意命令后，在绘图窗口中指定两个角点确定一个用来放置多行文字的矩形区域，这时在功能区会打开"文字编辑器"选项卡和文字输入窗口，如图4-1-20所示。在文字输入窗口输入多行文字，在"文字编辑器"选项卡的"样式、格式、段落"等面板中可以设置多行文字的样式、字体及字号、对正、对齐、行距等属性。

图4-1-20 "文字编辑器"选项卡和文字输入窗口

（2）编辑多行文本

多行文本编辑的方法有以下几种：

- 在菜单栏中执行"修改→对象→文字→编辑"命令。
- 在命令行中输入 DDEDIT 命令。

执行以上任意命令后，选择需要编辑的多行文本，系统将再次打开"文字编辑器"选项卡，进入多行文本的编辑状态。

- 直接双击需要编辑的多行文本，打开"文字编辑器"选项卡，进入多行文本的编辑状态。

4. 特殊符号输入

（1）用相应的控制码进行特殊符号输入

AutoCAD在标注文字说明时，如需要输入"下划线""ϕ"和"°"等特殊符号，则可以使用相应的控制码进行输入，其控制码的输入和说明见表4-1-1。

表4-1-1　AutoCAD特殊符号代码

控制码	符号	控制码	符号
%%o	上划线	%%p	公差符号(±)
%%u	下划线	%%c	圆直径(ϕ)
%%d	度数(°)		

（2）字体为GDT状态下进行特殊符号输入

AutoCAD 在标注文字说明时，如需要输入"深度▽""沉孔或锪平孔⊔""埋头孔∨""斜度∠"和"锥度▷"等特殊符号，则可以选择字体为 GDT 状态下输入相应的字母，其字母的输入和说明见表 4-1-2。

表 4-1-2　AutoCAD"斜度、锥度"等符号在 GDT 字体下对应代码

GDT 字符	符号	GDT 字符	符号
a	∠	y	▷
w	∨	v	⊔
x	▽		

提示

以上符号对应的 GDT 字符必须在小写状态下输入。

五、尺寸公差标注

尺寸公差就是尺寸误差的允许变动范围。常见的尺寸公差的标注形式有两种，即在尺寸的后面标注上、下偏差或标注公差带代号，其中标注公差带代号就是以文字形式直接输入。下面以图 4-1-21（a）为例介绍标注上、下偏差的方法。

标注上、下偏差最好先设置一下上下偏差的垂直放置位置及高度比例。设置步骤为："打开标注样式对话框→单击修改→单击公差选项"，在公差选项中，将"垂直位置"设置为"中"，先将"方式"设置为"极限偏差"，修改高度比例为 0.7 后，再将"方式"设置为"无"（如果不改为无，后续标注中会全部带有同样的公差），如图 4-1-21（b）所示。

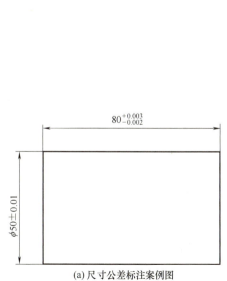

(a) 尺寸公差标注案例图　　　　(b) "尺寸公差"修改标注样式对话框

图 4-1-21　尺寸公差标注

项目 4　工程零件图的绘制

(1) 尺寸公差 $80^{+0.003}_{-0.002}$ 标注

设置完后，再执行"线性标注"命令，依次捕捉尺寸的起点和终点，根据命令行提示，输入"M"选择多行文字输入方式，启动文本输入窗口，同时功能区会打开"文字编辑器"选项卡。在文本窗口中可将默认的标注值删除，再输入"80+0.003^–0.002"（注意上、下偏差用"^"隔开），选中"+0.003^–0.002"，再点击"文字编辑器"选项卡"格式"面板中的"堆叠"按钮 ᵇ⁄ₐ，如图4-1-22所示。完成堆叠后，在绘图区单击鼠标左键退出编辑并指定尺寸标注的位置，完成该尺寸公差标注。标注效果见图4-1-21（a）。

(2) 尺寸公差 50±0.01 标注

执行"线性标注"命令，依次捕捉尺寸的起点和终点，根据命令行提示，输入"M"选择多行文字输入方式，启动文本输入窗口，在文本窗口中可将默认的标注值删除，再输入"%%C50%%P0.01"，完成后，在绘图区单击鼠标左键退出编辑并指定尺寸标注的位置，完成该尺寸公差标注。标注效果见图4-1-21（a）。

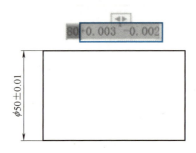

图4-1-22　上下偏差堆叠设置

任务实施单

方法步骤	图示
步骤1 新建文件 建立图形界限(297×210)	
步骤2 创建如下图层 (1)"中心线"层:颜色设置为红色,线宽为默认,线型设置为Center; (2)"轮廓线"层:线宽为0.30mm; (3)"标注"层:颜色设置为蓝色,线宽为默认; (4)"细实线"层:颜色、线宽设置为默认 **步骤3** 绘制边框与标题栏 (1)将"细实线"层置为当前层,绘制矩形边框,边框左下角点为(0,0)点,右上角点为(297,210),通过偏移获得内边框; (2)通过创建4行7列的表格,并通过修改行高、列宽及合并单元格等绘制标题栏	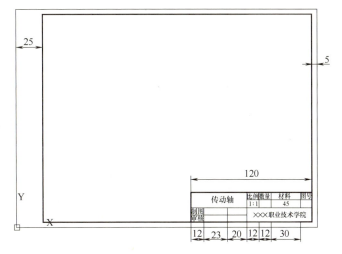 图 4-1-23（a）
步骤4 绘制轴 (1)将中心线层置为当前层,在图框中合理位置绘制中心线,并将线型比例因子进行合理调整(如0.5); (2)将轮廓层置为当前层; (3)利用圆、矩形、移动、偏移等绘图与编辑命令绘制轴; (4)绘制断面图、局部放大图; (5)利用倒角命令对轴两端倒角	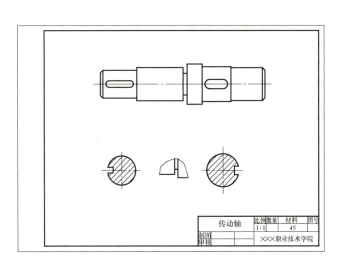 图 4-1-23（b）

项目4 工程零件图的绘制

续表

方法步骤	图示
步骤5　标注尺寸 （1）修改标注样式，主要修改箭头、文字大小等（箭头大小可设为3，文字大小可设为5）； （2）标注线性尺寸； （3）创建带属性块标注粗糙度，包括画块图(粗糙度符号)、定义属性、创建块、插入块四个步骤。粗糙度符号应符合制图标准要求 操作提示	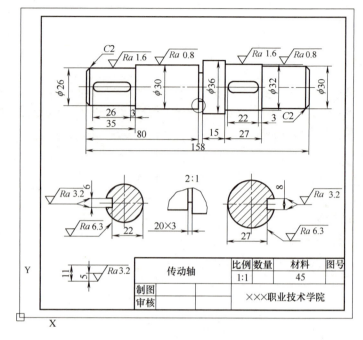 图 4-1-23（c）

强化训练

序号	训练内容	操作提示
训练 1	新建图形文件,按以下要求绘制图4-1-24所示油泵齿轮传动轴。 (1)建立合适的图形界限。 (2)创建如下图层: ①"中心线"图层:颜色设置为红色,线宽为默认,线型设置为Center,轴线绘制在该层上。 ②"轮廓线"图层:线宽为0.30mm,零件的轮廓线绘制在该层上。 ③"标注"图层:颜色设置为蓝色,线宽为默认,标注绘制在该层上。 ④"细实线"图层:剖面线等细线绘制在该层上,线宽设置为默认。 (3)精确绘图: ①根据注释的尺寸精确绘图,绘图方法和图形编辑方法不限。 ②根据图形大小未注倒角选用 C1~C2,未注圆角选用 R1~R3。 ③图示中有未标注尺寸的地方,按机械制图有关规范自行定义尺寸。 (4)尺寸标注:创建合适的标注样式,标注图形。 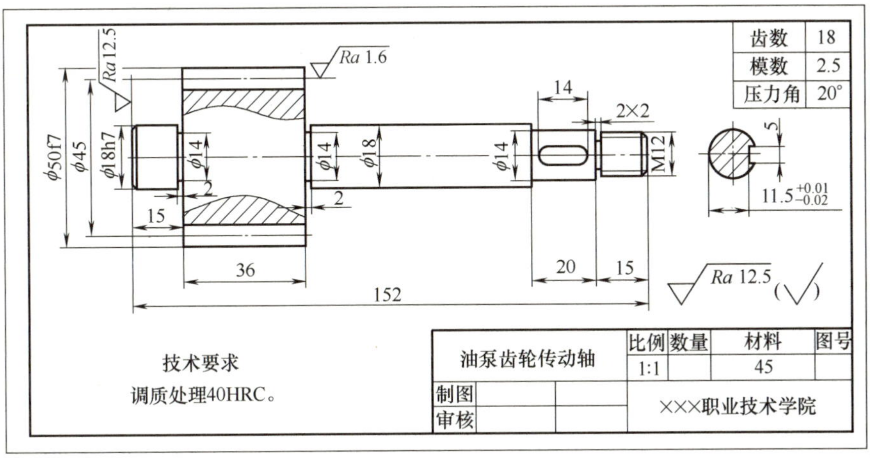 图 4-1-24	图 4-1-24
训练 2	新建图形文件,按以下要求绘制图4-1-25所示活塞杆。 (1)建立合适的图形界限。 (2)创建如下图层: ①"中心线"图层:颜色设置为红色,线宽为默认,线型设置为Center,轴线绘制在该层上。 ②"轮廓线"图层:线宽为0.30mm,零件的轮廓线绘制在该层上。 ③"标注"图层:颜色设置为蓝色,线宽为默认,标注绘制在该层上。 ④"细实线"图层:剖面线等细线绘制在该层上,线宽设置为默认。 (3)精确绘图: ①根据注释的尺寸精确绘图,绘图方法和图形编辑方法不限。 ②根据图形大小未注倒角选用 C1~C2,未注圆角选用 R1~R3。 (4)尺寸标注:创建合适的标注样式,标注图形。	

项目4 工程零件图的绘制

序号	训练内容	操作提示
训练2	 图 4-1-25	图 4-1-25
训练3	新建图形文件,按以下要求绘制图4-1-26所示丝杆。 (1)建立合适的图形界限。 (2)创建如下图层: ①"中心线"图层:颜色设置为红色,线宽为默认,线型设置为Center,轴线绘制在该层上。 ②"轮廓线"图层:线宽为0.30mm,零件的轮廓线绘制在该层上。 ③"标注"图层:颜色设置为蓝色,线宽为默认,标注绘制在该层上。 ④"细实线"图层:剖面线绘制在该层上,线宽设置为默认。 (3)精确绘图: ①根据注释的尺寸精确绘图,绘图方法和图形编辑方法不限。 ②根据图形大小未注倒角选用C1~C2,未注圆角选用R1~R3。 (4)尺寸标注:创建合适的标注样式,标注图形。 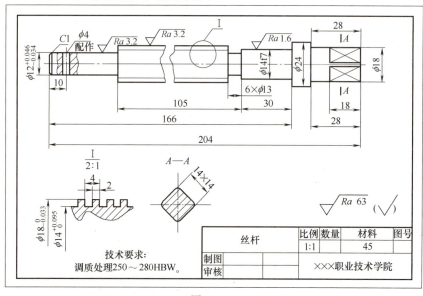 图 4-1-26	图 4-1-26

任务 2　盘类零件的绘制

学习任务单

任务名称	齿轮绘制
任务描述	新建图形文件，按以下要求完成图 4-2-1 齿轮绘制。 (1) 建立合适的图形界限。 (2) 创建如下图层： ① "中心线"图层：颜色设置为红色，线宽为默认，线型设置为 Center，轴线绘制在该层上。 ② "轮廓线"图层：线宽为 0.30mm，零件的轮廓线绘制在该层上。 ③ "细实线"图层：标注、剖面线等绘制在该层上，线宽设置为默认。 (3) 精确绘图： ① 根据注释的尺寸精确绘图，绘图方法和图形编辑方法不限。 ② 根据图形大小未注倒角选用 C1~C2，未注圆角选用 R1~R3。 ③ 图示中有未标注尺寸的地方，按机械制图有关规范自行定义尺寸。 (4) 尺寸标注：创建合适的标注样式，标注图形。 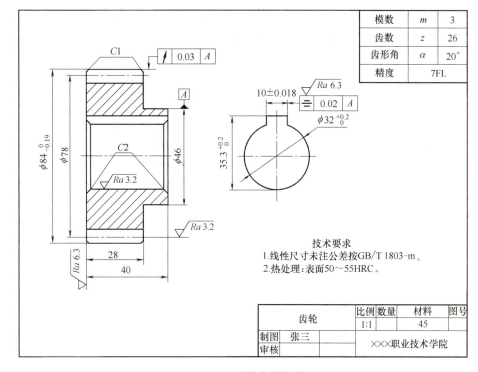 图 4-2-1　圆柱齿轮绘制
任务分析	齿轮是十分常见的盘类零件，其外形结构除了具有对称特点以外，主要是由圆柱体构成，所以此类零件常只用一个主视图和一个简化的左视图来表达。绘制主视图可绘制一半后再镜像完成，也可以直接绘制矩形来完成

项目 4　工程零件图的绘制

> 知识链接

一、表格

在 AutoCAD 中，可以使用创建表格命令创建数据表格或标题块，还可以从 Microsoft Excel 中直接复制表格，并将其作为 AutoCAD 表格对象粘贴到图形中，也可以从外部直接导入表格对象。此外，还可以输出 AutoCAD 的表格数据，以便用户在 Microsoft Excel 或其他应用程序中使用。要创建表格，首先应设置好表格样式，然后基于表格样式创建表格。创建表格后，用户不但可以向表中添加文字、块、字段和公式，还可以对表格进行其他编辑，如插入或者删除行或列、合并表单元等。

1. 表格样式创建与修改

表格样式命令用于创建、修改或指定表格样式，它可以设置表格的外观，包括背景颜色、页边距、边界、文字和其他表格特征。执行表格样式命令的方法有以下几种。

- 功能区：在"注释"选项卡中单击"表格"面板右下角的 ↘ 按钮。
- 菜单栏：在菜单栏中执行"格式→表格样式"命令。
- 命令行：输入 TABLESTYLE 命令。

执行以上任意命令都将打开如图 4-2-2 所示"表格样式"对话框。单击"新建"按钮，打开如图 4-2-3 所示"创建新的表格样式"对话框。

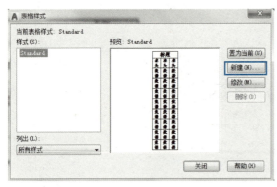

图 4-2-2 "表格样式"对话框　　　　图 4-2-3 "创建新的表格样式"对话框

单击"继续"按钮打开"新建表格样式"对话框，如图 4-2-4 所示。

如果在图 4-2-2 所示"表格样式"对话框中直接单击"修改"，则可以打开"修改表格样式"对话框，如图 4-2-5 所示。

2. 设置表格的数据、标题和表头样式

在图 4-2-4 所示"新建表格样式"或图 4-2-5 所示"修改表格样式"对话框中，可以在"单元样式"选项组的下拉列表框中选择"数据""标题"和"表头"选项来分别设置表格的数据、标题和表头的对应样式。对话框中3个选项卡的内容基本相似，可以分别指定单元基本特性、文字特性和边界特性。

"常规"选项卡：设置表格的填充颜色、对齐方向、格式、类型及水平、垂直页边距等特性。

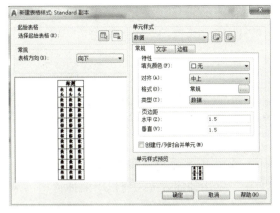
图4-2-4 "新建表格样式"对话框

图4-2-5 "修改表格样式"对话框

"文字"选项卡：设置表格单元中的文字样式、高度、颜色和角度等特性。

"边框"选项卡：可以设置表格的边框是否存在。当表格具有边框时，还可以设置边框的线宽、线型、颜色和间距等特性。

3. 创建表格

在AutoCAD中，创建表格的方法有以下几种：

- 功能区：在"注释"选项卡的"表格"面板中单击"表格"按钮。
- 菜单栏：在菜单栏中执行"绘图→表格"命令。
- 命令行：输入 TABLE命令。

执行以上任意命令都将打开如图4-2-6所示"插入表格"对话框，在该对话框中，输入所建表格"列数、列宽、数据行数、行高"，然后单击"确定"，会出现你设置的表格跟随鼠

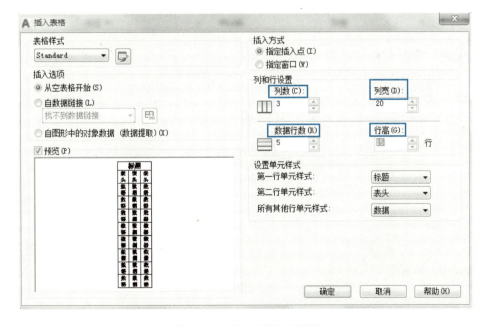
图4-2-6 "插入表格"对话框

项目4 工程零件图的绘制　115

标移动，这时候选择要插入的表格位置，然后点击鼠标左键即可。双击表格中单元格进入编辑页状态，可输入表格内容。

> **提示**
>
> 此处输入的行高并非实际行高尺寸。实际单行行高＝单元垂直页边距×2＋字高×4÷3×行高。

4. 用EXCEL插入表格

用EXCEL编辑好的表格可以直接插入到CAD中。常用的插入方法有以下两种：

① 打开要复制表格的EXCEL文件和要插入表格的CAD文件，在EXCEL文件中选择表格按复制键（Ctrl+C），然后转到CAD文件中按粘贴键（Ctrl+V）。

② 在CAD菜单栏中，执行"插入→OLE对象"命令，打开如图4-2-7所示"插入对象"对话框，在"插入对象"窗口选择"由文件创建"，点击浏览，在浏览窗口找到并点击需要插入的Excel表格，如图4-2-8所示，最后单击"确定"按钮。

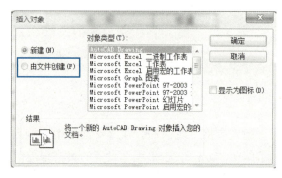

图4-2-7 "插入对象"对话框

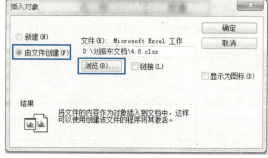

图4-2-8 "由文件创建"对话框

5. 编辑表格

（1）修改表格的列宽与行高

先用鼠标左键选中需要修改的单元格，再按鼠标右键打开菜单选择"特性"选项，如图4-2-9所示。在打开的特性窗口中，可以重新设置单元格的高度和宽度（此处的宽度为实际宽度），如图4-2-10所示。

图4-2-9 选择"特性"

图4-2-10 "特性"窗口

(2) 删除、插入表格行、列

用鼠标左键单击任一单元格，在功能区将显示"表格单元"选项卡，在此选项卡的"行、列"面板中可以进行"行、列"的删除与插入，如图4-2-11所示。

图4-2-11　"行、列"操作面板

也可以用鼠标左键单击任一单元格后再右击鼠标，在弹出的菜单中对"行、列"进行删除与插入操作，如图4-2-12所示。

(3) 合并单元格

用鼠标左键选择需要合并的多个单元格后再右击鼠标，在弹出的菜单中单击合并，可选择"全部、按行、按列"三种方式进行合并，如图4-2-13所示。

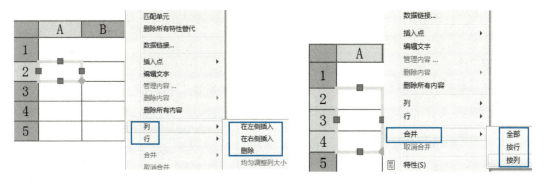

图4-2-12　通过菜单进行"行、列"操作　　　图4-2-13　通过菜单合并单元格

二、几何公差标注

在AutoCAD中执行几何公差标注的方法有以下几种：

- 功能区：在"注释"选项卡中单击"标注"面板中的"公差"按钮。
- 菜单栏：在菜单栏中执行"标注→公差"命令。
- 命令行：在命令行中输入TOLERANCE命令。

执行以上任一命令，都将打开图4-2-14所示的"形位公差"对话框，在此对话框中可以设置公差的符号、值及基准等参数。

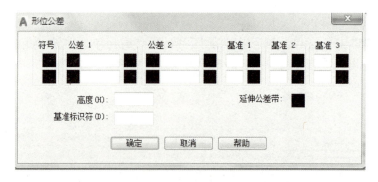

图 4-2-14 "形位公差"对话框

> **提示**
>
> 几何公差标注还需要配合引线,利用上述方法标注几何公差需要另外再画引线。

三、快速引线(QLEADER)

"快速引线"命令用于创建一端带有箭头,另一端带有注释的引线尺寸,是一个引线标注及引线管理器命令,针对一些需要做说明或者特殊标注的位置使用。可以用它来标注公差、带引线的文字等。

1. "快速引线"命令

执行方式为:在命令行中输入QLEADER后按回车键(快捷命令:LE)。

执行命令后,命令行提示信息如下:

指定第一个引线点或 [设置(S)] <设置>:

此时输入参数"S"会打开如图4-2-15所示的"引线设置"对话框,在此对对话框中有"注释、引线和箭头、附着"三个选项卡。

图 4-2-15 "引线设置"对话框

图 4-2-16 "引线和箭头"设置

"注释"选择卡:下有"注释类型、多行文字选项、重复使用注释"三个设置项目,打开 CAD 软件后，未经设置，"注释类型"为"多行文字"；如果需要标注公差，则需要将"注释类型"设置为"公差"；

"引线和箭头"选择卡：下有"引线、箭头、点数、角度约束"四个设置项目，如图 4-2-16 所示；

"附着"选择卡：主要用来设置标注引线及文字时，引线与多行文字之间的位置关系，及给文字加下划线，如图 4-2-17 所示。

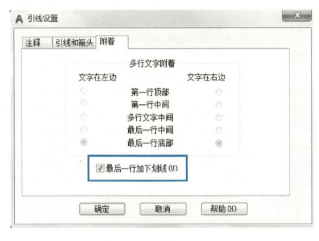

图 4-2-17 "附着"设置　　　　　　　图 4-2-18 标注案例

下面以图 4-2-18 的标注为例介绍其标注设置方法。

2. 倒角标注步骤

（1）在命令行输入快捷键 LE，回车；

（2）在命令提示行输入"S"，打开图 4-2-15"引线设置"对话框；

（3）单击"附着"选择卡，打开图 4-2-17"附着"设置对话框，在底部"最后一行加下划线"前的复选框内打"√"，单击"确定"关闭设置对话框；

（4）在绘图区图 4-2-18 所示需要标注倒角的位置指定点 1、点 2 两个点后回车，画出引线，此时，命令行提示："指定文字宽度 <0>"，直接按回车键；

继续提示："输入注释文字的第一行 <多行文字（M）>："，此时输入 C1.5，按回车键；

继续提示："输入注释文字的下一行："，按回车键结束。标注结果如图 4-2-18 所示。

3. 几何公差标注步骤

（1）在命令行输入快捷键 LE，回车；

（2）在命令提示行输入"S"，打开图 4-2-15 "引线设置"对话框；

（3）单击"注释"选择卡的注释类型中"公差"选项；

（4）单击"引线和箭头"选择卡，打开图 4-2-16 对话框，设置"点数"为 3，再单击"确定"关闭设置对话框；

（5）在绘图区图 4-2-18 所示需要标注公差的位置指定点 1、点 2、点 3 三个点后回车，画出引线，同时会打开"形位公差"对话框，在框中相应位置输入公差相关数据，如图 4-2-19 所示。最后按确定，标注结果如图 4-2-18 所示。

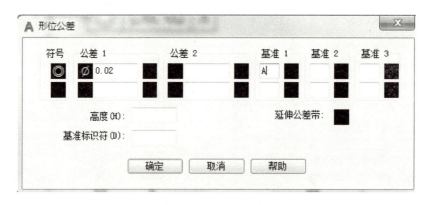

图4-2-19 几何公差标注

> **提示**
>
> 用"LE"命令标注几何公差是最方便的,可同时标注引线与公差。

四、多重引线

在AutoCAD中,执行多重引线命令的方法有以下几种:

- 功能区:在"注释"选项卡中单击"引线"面板中的"多重引线"按钮。
- 菜单栏:在菜单栏中执行"标注→多重引线"命令。
- 命令行:输入MLEADER命令。

执行以上任一命令,都将打开图4-2-20所示的"多重引线样式管理器"对话框,在此对话框中可以创建和修改多重引线样式,还可以设置多重引线的格式、结构和内容。

单击"新建"按钮,在打开的"创建新多重引线样式"对话框中可以创建多重引线样式,如图4-2-21所示。

图4-2-20 "多重引线样式管理器"对话框

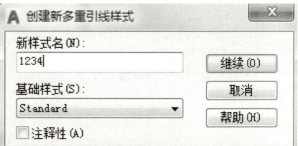

图4-2-21 "创建新多重引线样式"对话框

设置了新样式的名称后,单击该对话框中的"继续"按钮,或者在图4-2-20所示的"多重引线样式管理器"对话框中直接单击"修改"按钮,都将会弹出"修改多重引线样式"对话框，如图4-2-22所示。该对话框包含"引线格式、引线结构、内容" 3个选项卡，可以设置包含引线箭头大小和形式、引线的约束形式、文字大小及位置等内容，修改完多重引线样式后，单击"确定"按钮，然后将其置为当前样式。

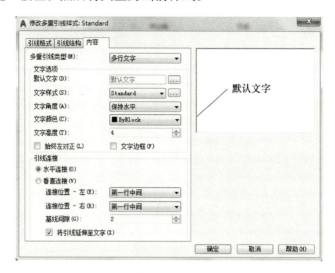

图4-2-22 "修改多重引线样式"对话框

任务实施单

方法步骤	图示
步骤1　新建文件 建立图形界限(297×210)	
步骤2　创建图层 (1)"中心线"层:颜色设置为红色,线宽为默认,线型设置为Center; (2)"轮廓线"层:线宽为0.30mm; (3)"细实线"层:颜色、线宽设置为默认	
步骤3　绘制边框与标题栏 (1)将"细实线"层置为当前层,绘制矩形边框,外边框左下角点为(0,0)点,右上角点为(297,210); (2)通过创建4行7列的表格,并通过修改行高、列宽及合并单元格等绘制标题栏; (3)通过创建4行3列的表格,并通过修改行高、列宽及合并单元格等绘制齿轮参数表	图4-2-23(a)
步骤4　绘制主视图 (1)将中心线层置为当前层,在图框中合理位置绘制中心线,并将线型比例因子进行合理调整(如0.5); (2)利用矩形、移动、偏移等绘图与编辑命令绘制齿轮轮廓; (3)利用倒角命令对齿轮内孔两端倒角; (4)利用图案填充命令进行图案填充; (5)利用三视图投影关系绘制内孔线 **步骤5　绘制简化左视图** 利用圆、偏移等绘图与编辑命令及三视图投影关系绘制左视图	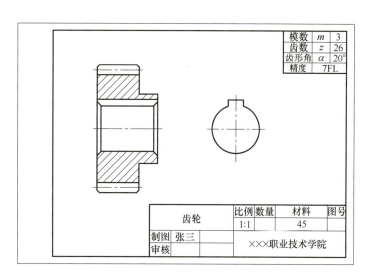 图4-2-23(b)

项目4　工程零件图的绘制　123

续表

方法步骤	图示
步骤6 标注尺寸 (1)标注线性尺寸及尺寸公差； (2)标注几何公差； (3)创建带属性块标注粗糙度。包括画块图(粗糙度符号)、定义属性、创建块、插入块四个步骤。粗糙度符号应符合制图标准要求 步骤7 编写技术要求 利用多行文字命令编写技术要求	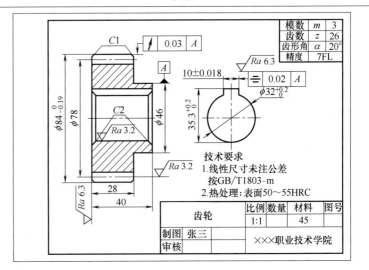 图4-2-23（c）

> 强化训练

序号	训练内容	操作提示
训练1	新建图形文件,按以下要求绘制图4-2-24所示球阀阀盖。 (1)建立合适的图形界限。 (2)创建如下图层: ①"中心线"图层:颜色设置为红色,线宽为默认,线型设置为Center,轴线绘制在该层上; ②"轮廓线"图层:线宽为0.30mm,零件的轮廓线绘制在该层上; ③"细实线"图层:标注、剖面线绘制在该层上,线宽设置为默认。 (3)精确绘图: ①根据注释的尺寸精确绘图,绘图方法和图形编辑方法不限; ②根据图形大小未注倒角选用C1~C2,未注圆角选用R1~R3; ③图示中有未标注尺寸的地方,按机械制图有关规范自行定义尺寸。 (4)尺寸标注:创建合适的标注样式,标注图形。 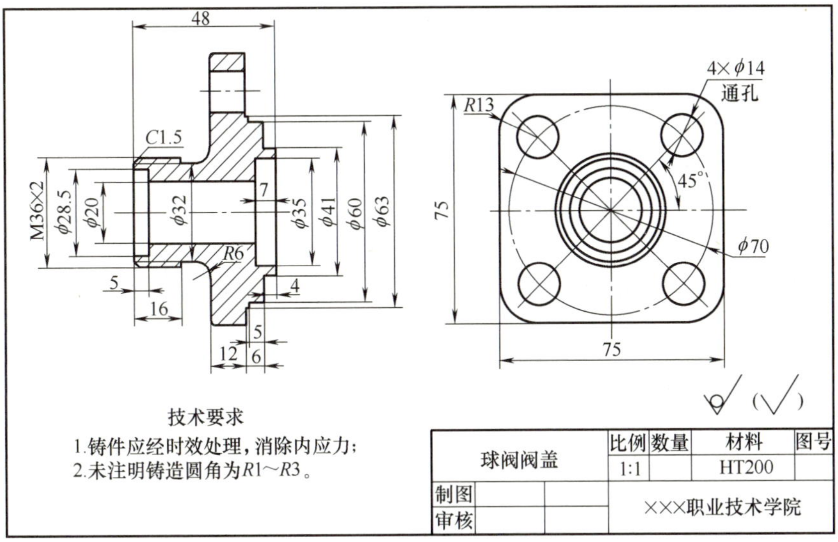 图 4-2-24	图 4-2-24
训练2	新建图形文件,按以下要求绘制图4-2-25所示填料压盖。 (1)建立合适的图形界限。 (2)创建如下图层: ①"中心线"图层:颜色设置为红色,线宽为默认,线型设置为Center,轴线绘制在该层上。 ②"轮廓线"图层:线宽为0.30mm,零件的轮廓线绘制在该层上。 ③"细实线"图层:标注、剖面线等绘制在该层上,线宽设置为默认。 (3)精确绘图: ①根据注释的尺寸精确绘图,绘图方法和图形编辑方法不限; ②根据图形大小未注倒角选用C1~C2,未注圆角选用R1~R3; ③图示中有未标注尺寸的地方,按机械制图有关规范自行定义尺寸。 (4)尺寸标注:创建合适的标注样式,标注图形。	

序号	训练内容	操作提示
训练2	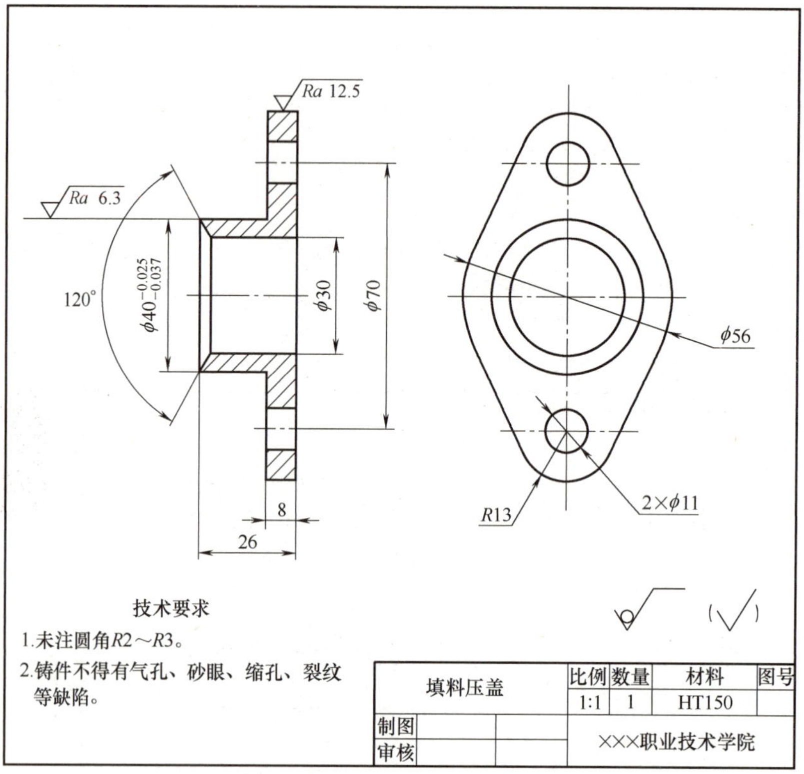 图 4-2-25	图 4-2-25
训练3	新建图形文件,按以下要求绘制图4-2-26所示支座。 (1)建立合适的图形界限。 (2)创建如下图层: ①"中心线"图层:颜色设置为红色,线宽为默认,线型设置为Center,轴线绘制在该层上。 ②"轮廓线"图层:线宽为0.30mm,零件的轮廓线绘制在该层上。 ③"细实线"图层:标注、剖面线等绘制在该层上,线宽设置为默认。 (3)精确绘图: ①根据注释的尺寸精确绘图,绘图方法和图形编辑方法不限。 ②根据图形大小未注倒角选用C1~C2,未注圆角选用R1~R3。 ③图示中有未标注尺寸的地方,按机械制图有关规范自行定义尺寸。 (4)尺寸标注:创建合适的标注样式,标注图形。	

续表

序号	训练内容	操作提示
训练3	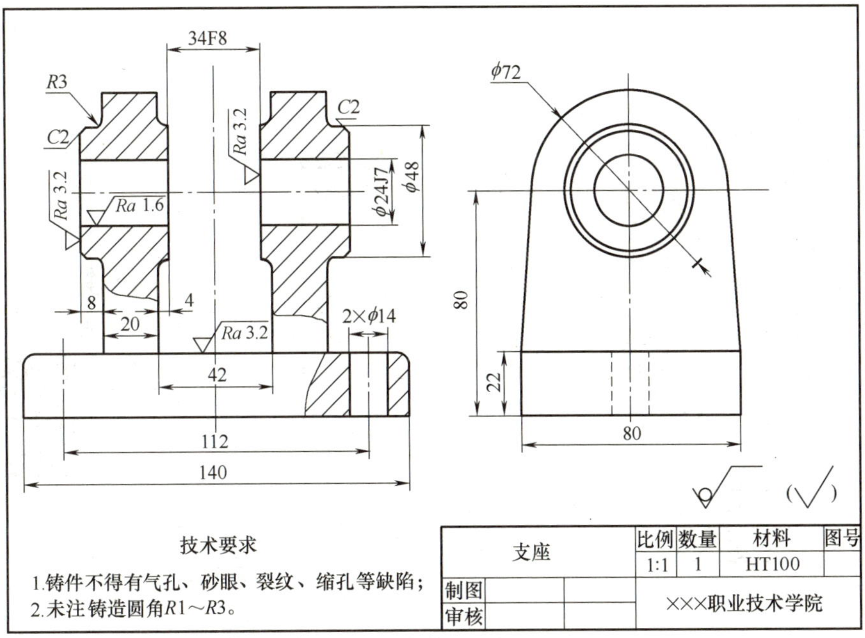 图4-2-26	图4-2-26
训练4	新建图形文件,按以下要求绘制图4-2-27所示齿轮油泵泵体。 (1)建立合适的图形界限。 (2)创建如下图层: ①"中心线"图层:颜色设置为红色,线宽为默认,线型设置为Center,轴线绘制在该层上。 ②"轮廓线"图层:线宽为0.30mm,零件的轮廓线绘制在该层上。 ③"细实线"图层:标注、剖面线等绘制在该层上,线宽设置为默认。 (3)精确绘图: ①根据注释的尺寸精确绘图,绘图方法和图形编辑方法不限。 ②根据图形大小未注倒角选用C1~C2,未注圆角选用R2~R4。 ③图示中有未标注尺寸的地方,按机械制图有关规范自行定义尺寸。 (4)尺寸标注:创建合适的标注样式,标注图形。	

项目4 工程零件图的绘制

续表

序号	训练内容	操作提示
训练4	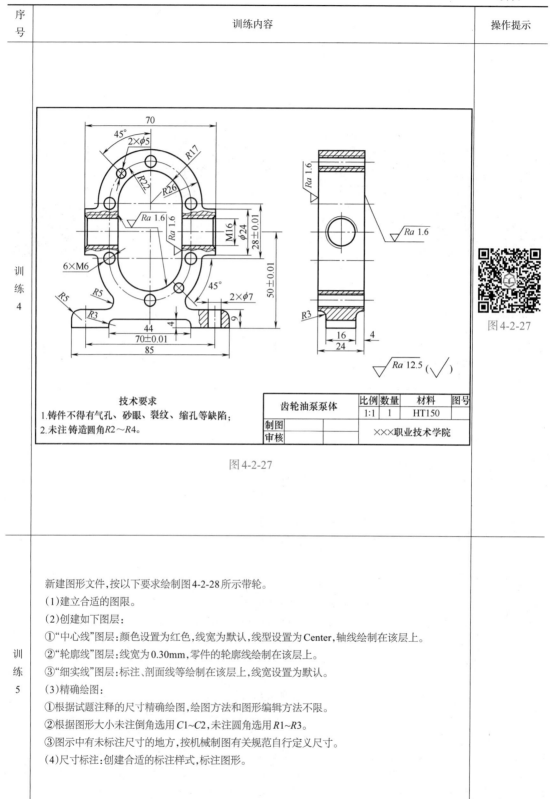 图 4-2-27	图 4-2-27
训练5	新建图形文件,按以下要求绘制图4-2-28所示带轮。 (1)建立合适的图限。 (2)创建如下图层: ①"中心线"图层:颜色设置为红色,线宽为默认,线型设置为Center,轴线绘制在该层上。 ②"轮廓线"图层:线宽为0.30mm,零件的轮廓线绘制在该层上。 ③"细实线"图层:标注、剖面线等绘制在该层上,线宽设置为默认。 (3)精确绘图: ①根据试题注释的尺寸精确绘图,绘图方法和图形编辑方法不限。 ②根据图形大小未注倒角选用C1~C2,未注圆角选用R1~R3。 ③图示中有未标注尺寸的地方,按机械制图有关规范自行定义尺寸。 (4)尺寸标注:创建合适的标注样式,标注图形。	

序号	训练内容	操作提示
训练5	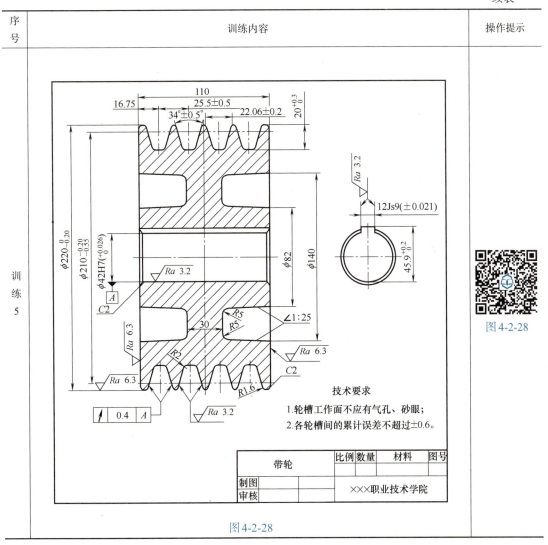 图 4-2-28	图 4-2-28

任务3　叉架类零件的绘制

学习任务单

任务名称	传动拐臂
任务描述	新建图形文件,按以下要求完成图4-3-1所示传动拐臂绘制。 (1)建立合适的图限。 (2)创建如下图层: ①"中心线"层:颜色设置为红色,线宽为默认,线型设置为Center,轴线绘制在该层上。 ②"轮廓线"层:线宽为0.30mm,零件的轮廓线绘制在该层上。 ③"细实线"层:标注、剖面线等绘制在该层上,线宽设置为默认。 ④"虚线"层:虚线绘制在该层上,线宽设置为默认。 (3)精确绘图: ①根据注释的尺寸精确绘图,绘图方法和图形编辑方法不限。 ②根据图形大小未注倒角选用C1~C2,未注圆角选用R1~R3。 ③图示中有未标注尺寸的地方,按机械制图有关规范自行定义尺寸。 (4)尺寸标注:创建合适的标注样式,标注图形。 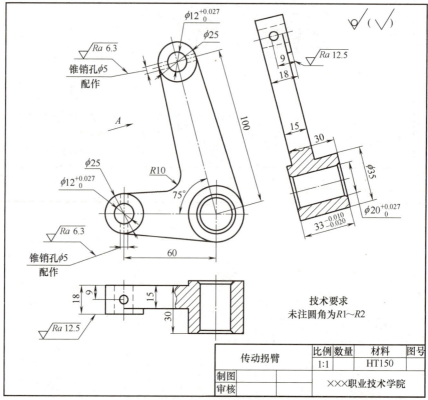 图4-3-1　传动拐臂
任务分析	传动拐臂主要由三个呈75°夹角分布的圆筒及其连接部分构成,如图4-3-1所示。此类零件的主视图应选择尽量表达出各组成部分的主要结构形状和相对位置,并使其中某一部分平行或垂直于基本投影面,本任务中将短臂水平放置,其余部分倾斜于基本投影面,采用斜视图及倾斜剖切的断面图进行表达。完成本任务主要用到直线、圆、样条曲线、图案填充、修剪、延伸、移动、旋转等绘图与编辑命令

> 知识链接

一、对象"特性"与"快捷特性"

在AutoCAD中绘制的每一个图形对象都具有自己的特性，有些特性是基本特性，适用于多数的对象，例如，图层、颜色、线型等；有些特性是专用于某个对象的特性，例如，圆的特性包括半径和面积，直线的特性包括长度和角度等。可以通过"特性"与"快捷特性"面板修改图特性值。改变对象特性值，实际上就改变了相应的图形对象。

1. 对象"特性"

打开"特性"选项板的方法有以下几种：

- **功能区**：在"默认"选项卡中单击"特性"面板右下角按钮 ⬗ 。
- **菜单栏**：在菜单栏中执行"修改→ 特性"命令。
- **绘图区**：选定图形对象后按右键，在打开的菜单中单击"特性"，如图4-3-2所示。

执行以上任一种操作都可以打开图 4-3-3 所示"特性"选项板。可以在选项板中直接修改图形对象的特性值。 在同时修改多个对象特性值时，其功能更加强大，例如需要把不同图层的文本、图形、尺寸等多个对象全部放到某一个指定的图层时，可以先选定这些对象，然后将"图层"特性值修改为指定的层名即可。

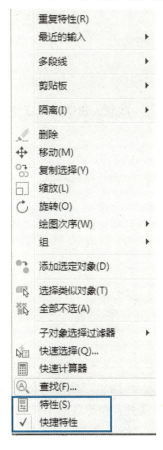

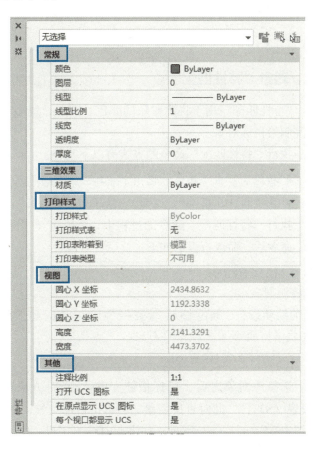

图4-3-2　右击图形打开的菜单　　　　　图4-3-3　"特性"窗口

项目4　工程零件图的绘制　　131

2. 对象"快捷特性"

"快捷特性"是"特性"选项板的简化形式。

通常可以用以下两种方式打开"快捷特性"面板：

- 在绘图区选定图形对象后按右键，在打开的菜单中单击"快捷特性"，如图4-3-2所示。
- 打开状态栏中的"快捷特性"开关 ，然后选择已绘制的图形对象，此时绘图区将出现一个浮动面板，该面板中显示了所选对象的常规属性和其他参数。如图4-3-4所示，在状态栏中的"快捷特性"开关打开的状态下，选择图（a）中的虚线圆，再双击"快捷特性"面板中的线型，选择线型为"连续"，则图（a）所示的虚线圆将变成图（c）所示的实线圆。

(a) 原图　　　　　　　(b) "快捷特性"面板　　　　　　　(c) 修改后的图

图4-3-4　利用"快捷特性"面板修改图形属性

二、对象"特性匹配"

"特性匹配"用于将源对象的颜色、图层、线型、线型比例、线宽、透明度等属性一次性复制给目标对象。

执行"特性匹配"命令的方式有以下几种：

- 功能区：在"默认"选项卡中单击"特性"面板中的"特性匹配"按钮 。
- 菜单栏：在菜单栏中执行"修改→特性匹配"命令。

执行"特性匹配"命令的过程中，需要选择"源对象"和"目标对象"。执行"特性匹配"命令后，命令行提示如下：

```
命令:MATCHPROP
选择源对象:
当前活动设置: 颜色 图层 线型 线型比例 线宽 透明度 厚度 标注 文字 图案填充 多段线 视口 表格材质 多重引线中心对象
选择目标对象或 [设置(S)]:
```

选择源对象之后，鼠标指针变成"刷子+方块" 形状，并提示"选择目标对象或[设置（S）]:"，此时直接用鼠标去单击目标对象，则目标对象就具有和源对象一样的属性，如图4-3-5（a）、(b) 所示。如果此时输入字母"S"，则可打开"特性设置"对话框，在该对话框中，可以设置选择要匹配的特性，如图4-3-5（c）所示。

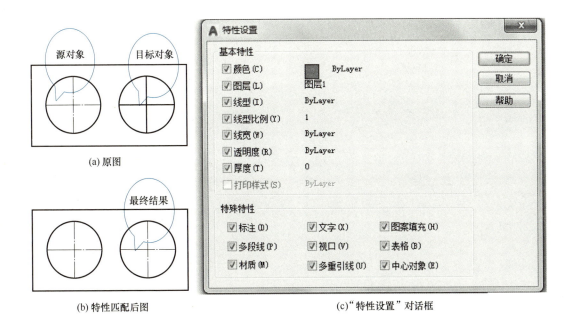

图 4-3-5 利用"特性匹配"修改图形属性

任务实施单

方法步骤	图示
步骤1　新建文件 建立图形界限(300×300)	 图4-3-6（a）
步骤2　创建图层 (1)"中心线"层:颜色设置为红色,线宽为默认,线型设置为Center; (2)"轮廓线"层:线宽为0.30mm; (3)"细实线"层:颜色、线宽设置为默认; (4)"虚线"层:颜色、线宽设置为默认	
步骤3　绘制边框与标题栏 (1)将"细实线"层置为当前层,绘制矩形边框,外边框左下角点为(0,0)点,右上角点为(300,300); (2)通过创建4行7列的表格,并通过修改行高、列宽及合并单元格等绘制标题栏	
步骤4　绘制定位中心线 (1)将"中心线"层置为当前层,并将线型比例因子进行合理调整; (2)在图框中合理位置绘制中心线,利用三视图投影关系对主视图、俯视图及A向视图合理定位	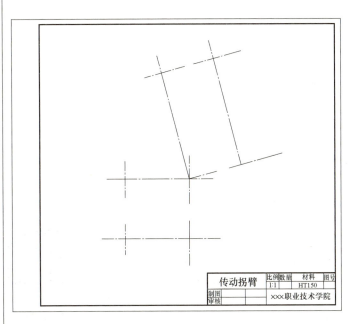 图4-3-6（b）

项目4　工程零件图的绘制　135

续表

方法步骤	图示
步骤5 绘制主、俯视图 (1)利用直线、圆、复制、旋转等绘图与编辑命令绘制主视图; (2)利用三视图投影关系及利用直线、圆、偏移、样条曲线、图案填充等绘图与编辑命令绘制俯视图; (3)利用倒角命令对俯视图内孔两端倒角	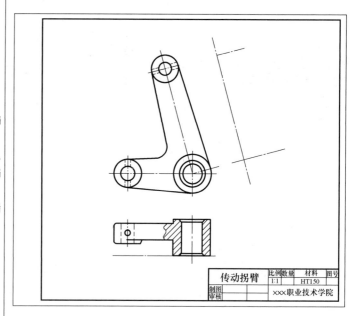 图 4-3-6（c）
步骤6 绘制A向视图 (1)复制俯视图至合理位置;以俯视图右中心线与轮廓线交点"1"为旋转中心点,将复制后的俯视图旋转105°;以过点"1"的圆孔轴线为镜向线对旋转后的图镜像,并删除源对象;如图4-3-6(d)所示。 (2)以点"1"为源点移镜像后的俯视图至向视图的定位点2处,如图4-3-6(e)所示	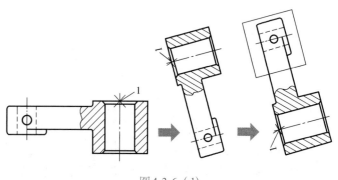 图 4-3-6（d）

续表

方法步骤	图示
（3）在图4-3-6(e)中以点"3"为源点,点"4"为目标点,移动蓝色方框中的圆柱体及相关直线； （4）用延伸命令延伸直线； 完成后如图4-3-6(f)所示。	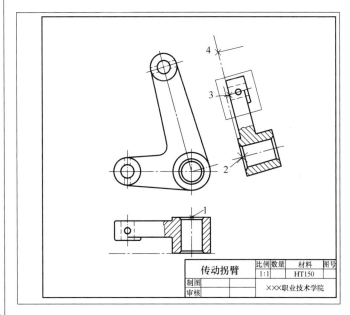 图4-3-6（e） 图4-3-6（f）

项目4 工程零件图的绘制

续表

方法步骤	图示
步骤7 标注尺寸 (1)标注线性尺寸及尺寸公差; (2)标注几何公差; (3)创建带属性块标注粗糙度。包括画块图(粗糙度符号)、定义属性、创建块、插入块四个步骤。粗糙度符号应符合制图标准要求。 步骤8 编写技术要求 利用多行文字命令编写技术要求	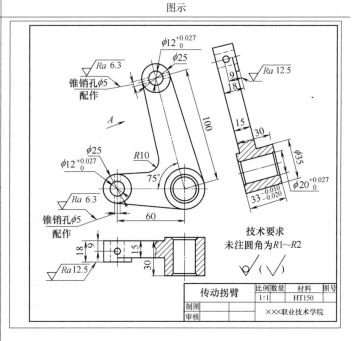 图 4-3-6（g）

强化训练

序号	训练内容	操作提示
训练1	新建图形文件,按以下要求绘制图4-3-7所示图形。 (1)建立合适的图形界限。 (2)创建如下图层: ①"中心线"图层:颜色设置为红色,线宽为默认,线型设置为Center,轴线绘制在该层上。 ②"轮廓线"图层:线宽为0.30mm,零件的轮廓线绘制在该层上。 ③"细实线"图层:标注、剖面线等绘制在该层上,线宽设置为默认。 (3)精确绘图: ①根据注释的尺寸精确绘图,绘图方法和图形编辑方法不限。 ②根据图形大小未注倒角选用C1~C2,未注圆角选用R1~R3。 ③图示中有未标注尺寸的地方,按机械制图有关规范自行定义尺寸。 (4)尺寸标注:创建合适的标注样式,标注图形。 图4-3-27 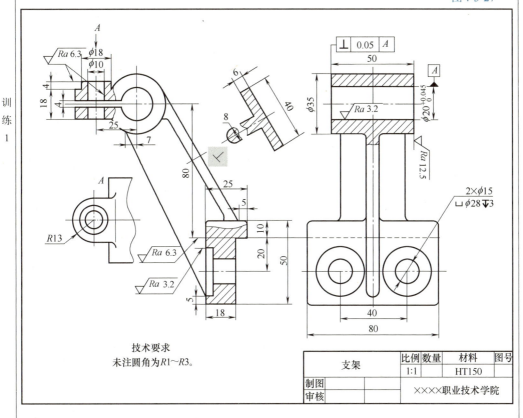 图4-3-7	

项目 5
参数化绘图

知识目标

- ◆ 熟悉添加、编辑几何约束方法；
- ◆ 掌握图形对象的添加、编辑尺寸约束基本操作；
- ◆ 了解参数化绘图的一般方法。

素质目标

- ◆ CAD 参数化绘图使用的约束有两种常用类型：一种是"几何约束"，用于控制对象彼此的关系；另一种是"标注约束"，用于控制对象的距离、长度、角度和半径值。通过这些参数化绘图的知识培养学生的创新意识，同时让学生明白，合适的约束更有利于加强责任感，更有利于职业素养的形成，更有利于培养工匠精神。

任务1　几 何 约 束

学习任务单

任务 名称	几何约束
任务 描述	运用参数化绘图的几何约束方法,绘制如图 5-1-1 所示图形 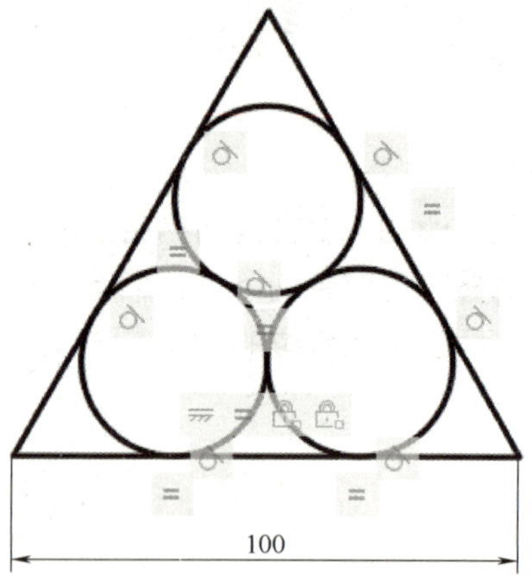 图 5-1-1　几何约束
任务 分析	绘制该图主要用到了自动约束、固定约束、相等约束、相切约束等

> **知识链接**

一、添加几何约束

几何约束用于确定二维对象间或对象上各点间的几何关系,如重合、垂直、平行等。例如,可添加垂直约束使两条线段垂直,添加重合约束使两端点重合等。

添加几何约束的方法主要有:
- 功能区:通过"参数化"选项卡的"几何"面板来添加几何约束;
- 菜单栏:执行"参数→几何约束"命令。

几何约束的种类及其功能如表5-1-1所示。

表5-1-1 几何约束的种类

几何约束按钮	名称	功能
	自动约束	根据选择对象自动添加几何约束。单击"几何"面板右下角的箭头,打开"约束设置"对话框,通过"自动约束"选项卡设置添加各类约束的优先级及是否添加约束的公差值
	重合约束	使两个点或一个点和一条直线重合
	共线约束	使两条直线位于同一条无限长的直线上
	同心约束	使选定的圆、圆弧或椭圆保持同一中心点
	固定约束	使一个点或一条曲线固定到相对于世界坐标系(WCS)的指定位置和方向上
	平行约束	使两条直线保持相互平行
	垂直约束	使两条直线或多段线的夹角保持90°
	相切约束	使两条曲线保持相切或与其延长线保持相切
	水平约束	使一条直线或一对点与当前UCS的X轴保持平行
	竖直约束	使一条直线或一对点与当前UCS的Y轴保持平行
	对称约束	使两个对象或两个点关于选定直线保持对称
	相等约束	使两条直线或多段线具有相同长度,或使圆弧具有相同半径值
	平滑约束	使一条样条曲线与其他样条曲线、直线、圆弧或多段线保持几何连续性

> **提示**
>
> 在添加几何约束时,两个对象的选择顺序将决定对象怎样更新。通常,所选的第二个对象会根据第一个对象进行调整。

二、编辑几何约束

添加几何约束后，在对象的旁边出现约束图标。将鼠标指针移动到图标或图形对象上，AutoCAD 将亮显相关的对象及约束图标。对已加到图形中的几何约束可以进行显示、隐藏和删除等操作。

• 功能区：单击"参数化"选项卡中"几何"面板上的 全部隐藏 按钮，图形中的所有几何约束将全部隐藏。

• 功能区：单击"参数化"选项卡中"几何"面板上的 全部显示 按钮，则图形中所有的几何约束将全部显示。

• 将鼠标指针放到某一约束上，该约束将加亮显示，单击鼠标右键弹出快捷菜单，如图 5-1-2 所示。单击快捷菜单中的"删除"选项可以将该几何约束删除。单击快捷菜单的"隐藏"选项，该几何约束将被隐藏，要想重新显示该几何约束，单击功能区"参数化"选项卡中"几何"面板上的 显示/隐藏 按钮。

• 单击图 5-1-2 所示快捷菜单中的"约束栏设置"选项或单击功能区"参数化"选项卡中"几何"面板上右下角的 箭头将弹出"约束设置"对话框，如图 5-1-3 所示。通过该对话框可以设置哪种类型的约束显示在约束栏图标中，还可以设置约束栏透明度。

图 5-1-2　右击几何约束

图 5-1-3　约束设置

三、修改已添加几何约束的对象

可通过以下方法编辑受约束的几何对象：

• 使用关键点编辑模式修改受约束的几何图形，该图形会保留应用的所有约束。

• 使用 MOVE、COPY、ROTATE 和 SCALE 等命令修改受约束的几何图形后，结果会保留应用于对象的约束。

• 在有些情况下，使用 TRIM、EXTEND 及 BREAK 等命令修改受约束的对象后，所加约束将被删除。

任务实施单

方法步骤	图示
步骤1　利用多边形命令绘制一边长为100的正三角形，在正三角形内绘制三个大小差不多的圆，注意尺寸大小与图中要求尽量相近	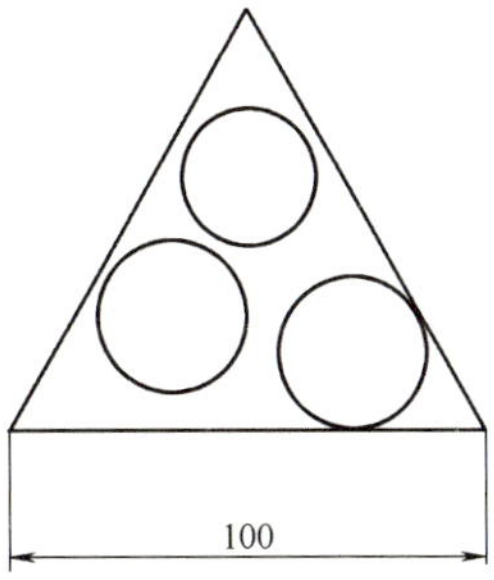 图5-1-4（a）
步骤2　单击功能区"参数化"选项卡的"几何"面板上的自动约束按钮，然后选择正三角形，AutoCAD自动对已选对象添加几何约束；单击固定约束按钮，选择三角形底边A点和B点两点固定	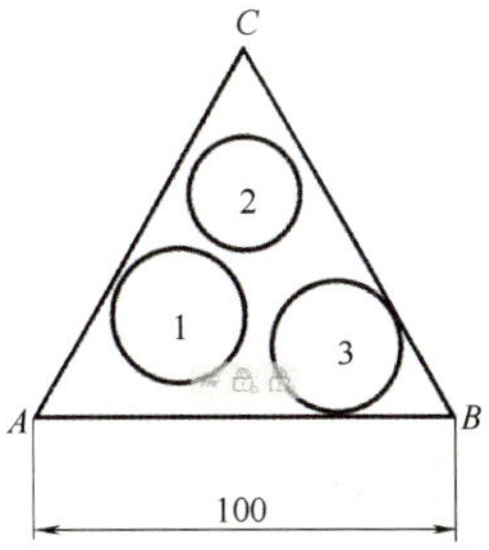 图5-1-4（b）
步骤3　单击相等约束按钮，并在提示行选择M，对正三角形三边进行相等约束；单击相等约束按钮，并在提示行选择M，对三个圆进行相等约束；依次单击相切约束按钮，使三角形AB边与圆1、圆3相切，AC边与圆1、圆2相切，CB边与圆2、圆3相切	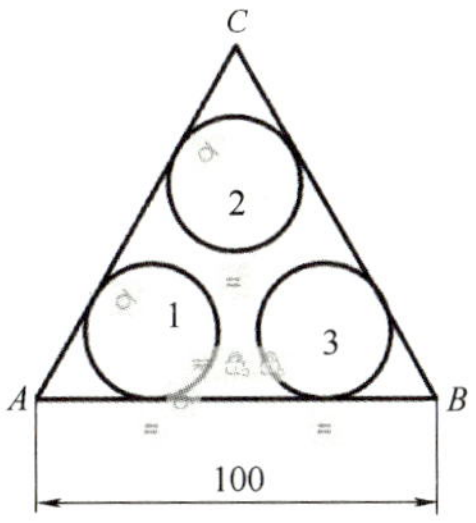 图5-1-4（c）
步骤4　依次单击相切约束按钮，使三个圆两两相切	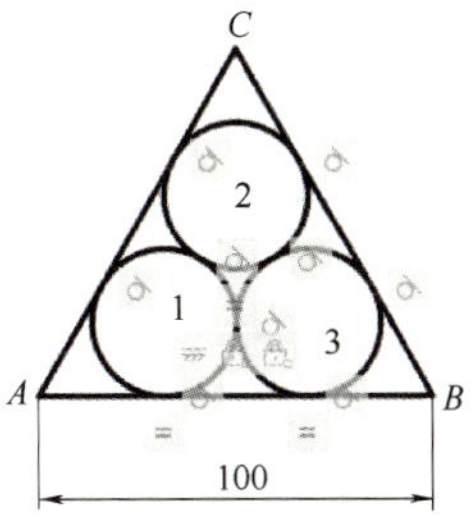 图5-1-4（d）

项目5　参数化绘图

强化训练

序号	训练内容	操作提示
训练1	新建图形文件,运用参数化绘图的几何约束法绘制图5-1-5所示图形 图 5-1-5	图 5-1-5
训练2	新建图形文件,运用参数化绘图的几何约束法绘制图5-1-6所示图形 图 5-1-6	图 5-1-6

任务 2　尺　寸　约　束

学习任务单

任务名称	尺寸约束
任务描述	运用参数化绘图的方法，绘制如图 5-2-1 所示图形 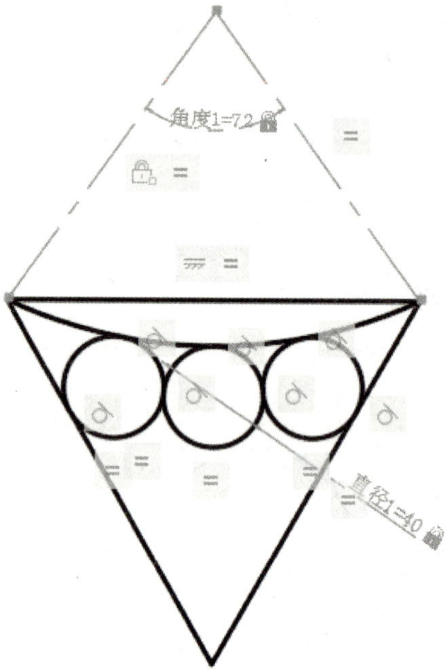 图 5-2-1　尺寸约束
任务分析	绘制该图不仅要用到自动约束、固定约束、相等约束、相切约束等几何约束，还需要用到尺寸约束中的角度约束、直径约束等

一、添加尺寸约束

尺寸约束用于控制二维对象的大小、角度及两点间距离等,此类约束可以是数值,也可是变量及方程式。改变尺寸约束,则约束将驱动对象发生相应变化。添加尺寸约束的方法主要有:

- 功能区:通过"参数化"选项卡的"标注"面板来添加尺寸约束。
- 菜单栏:执行"参数→标注约束"命令。

尺寸约束的种类如表5-2-1所示。

表5-2-1　尺寸约束的种类

尺寸约束按钮	名称	功能
	线性约束	约束两点之间的水平或竖直距离
	对齐约束	约束两点、点与直线、直线与直线间的距离
	半径约束	约束圆或者圆弧的半径
	直径约束	约束圆或者圆弧的直径
	角度约束	约束直线间的夹角、圆弧的圆心角或3个点构成的角度

尺寸约束分为两种形式:动态约束和注释性约束。默认情况下是动态约束。动态约束与注释性约束间可相互转换,选择尺寸约束,单击鼠标右键,选择"特性"选项,打开"特性"对话框,可在"约束形式"下拉列表中指定尺寸约束要采用的形式。

① 动态约束:标注外观由固定的预定义标注样式决定,不能修改,且不能被打印。在缩放操作过程中动态约束保持相同大小。单击功能区"参数化"选项卡中的"标注"面板上的 动态约束模式 按钮,创建动态约束。

② 注释性约束:标注外观由当前标注样式控制,可以修改,也可以打印。在缩放操作过程中注释性约束的大小发生变化。可把注释性约束放在同一图层上,设置颜色及改变可见性。单击功能区"参数化"选项卡中的"标注"面板上的 注释性约束模式 按钮,创建动态约束。

二、编辑尺寸约束

对于已创建的尺寸约束,可采用以下方法进行编辑:

① 双击尺寸约束直接修改其值;

② 选中尺寸约束,如图5-2-2所示,拖动与其关联的三角形关键点改变约束的值,同时驱动图形对象改变;

③ 选中尺寸约束，单击鼠标右键，在快弹出的快捷菜单中单击"编辑约束"，如图 5-2-3 所示。

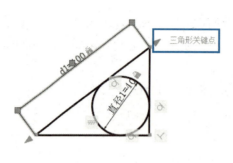

图 5-2-2　三角形关键点

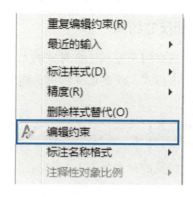

图 5-2-3　利用快捷菜单编辑约束

任务实施单

方法步骤	图示
步骤1 绘制基本图形。绘制一个任意边长的正三角形ABC；以"起点-端点-方向"的方式绘制圆弧AB；过圆心O连接OA、OB；在三角形ABC内画三个小圆。如图5-2-4(a)所示	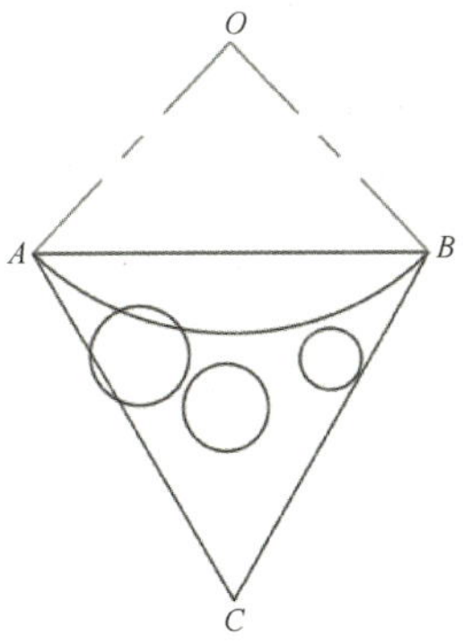 图5-2-4（a）
步骤2 添加几何约束。单击自动约束按钮，选定正三角形ABC、弧AB及线段OA、OB四个对象进行自动约束；单击相等约束按钮，对三角形三条边进行相等约束；单击相等约束按钮，对三个圆进行相等约束；单击相切约束按钮，按图中要求，对三个圆、等边三角形ABC及圆弧AB进行约束，如图5-2-4(b)所示	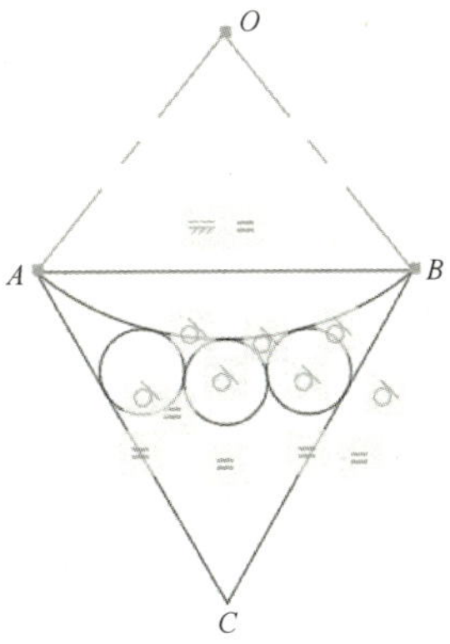 图5-2-4（b）
步骤3 添加尺寸约束。单击角度约束按钮，控制OA、OB夹角为72°；单击直径约束按钮控制小圆直径为40。如图5-2-4(c)所示	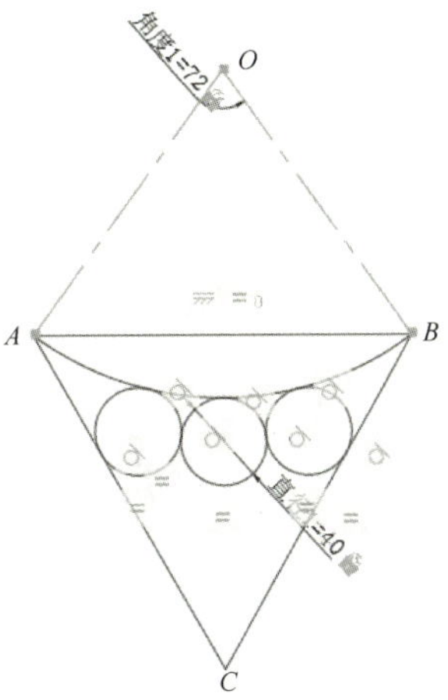 图5-2-4（c）

项目5 参数化绘图

强化训练

序号	操作要求	操作提示
训练1	新建图形文件,运用参数化绘图方法绘制图 5-2-5 所示图形 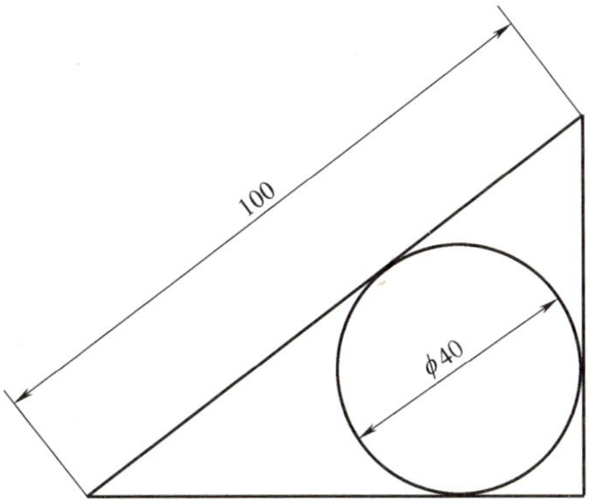 图 5-2-5	图 5-2-5
训练2	新建图形文件,运用添加几何约束的参数化绘图方法绘制图 5-2-6 所示图形 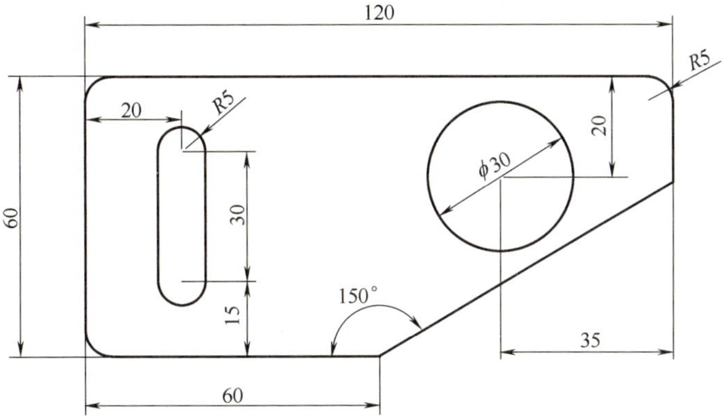 图 5-2-6	图 5-2-6

项目 6
AutoCAD 简单零件三维建模

知识目标

- 熟悉 AutoCAD 三维操作界面；
- 掌握视口、视图、视觉样式控件；
- 能够根据三维建模需要，切换视图和视觉样式以及进行动态观察；
- 掌握三维用户坐标系的使用；
- 掌握基本实体的绘制及布尔运算创建复杂实体方法；
- 能熟练掌握常用实体编辑方法。

素质目标

- 绘制三维模型时，培养学生从不同角度、不同方向观察事物的本质的思路与方法，形成由简到繁、层层递进的思维方式，提升学生的空间感及设计能力。介绍三维实体编辑时，培养学生根据机械结构的特点，提出创新设计的方案，完成绘制三维实体的能力，形成认真仔细的工作作风。

任务1　三通管道建模

学习任务单

<table>
<tr><td>任务名称</td><td>三通管道建模</td></tr>
<tr><td>任务描述
操作提示</td><td>完成如图6-1-1所示三通管道实体建模
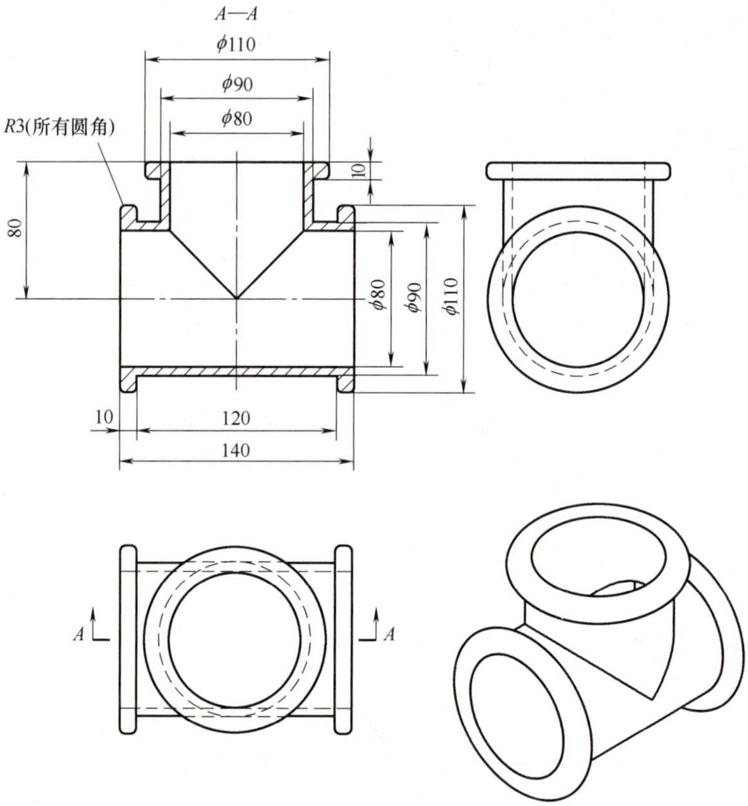

图6-1-1　三通管道模型图</td></tr>
<tr><td>任务分析</td><td>主要的操作有:三维工作空间转换、基本实体的绘制、布尔运算、UCS的运用</td></tr>
</table>

一、三维工作空间的切换和常用的三维工具栏

1. 绘图空间的切换

绘制三维视图时应将二维工作空间切换到三维工作空间，切换方法如下：

- 通过状态栏右下角工作空间切换图标按钮 进行切换。
- 通过快速访问区工具栏空间切换图标按钮 三维建模 进行切换。
- 按住Shift+鼠标中键移动鼠标进行切换。

2. 常用的三维工具栏

要进行建模，则应先切换三维工作空间并调出相应的工具栏。在建模前应调出的工具栏有UCS、标注、标准、修改、建模、实体编辑、视觉样式、视图等。如图6-1-2所示。

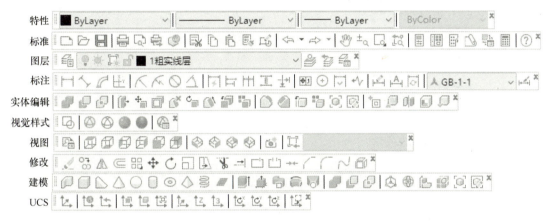

图6-1-2 三维空间常用工具栏

二、三维动态观察

在三维工作空间中，使用三维动态观察器可从不同的角度、距离和高度查看图形中的对象。其中包括受约束的动态观察、自由动态观察和连续动态观察3种方式。

1. 受约束的动态观察

受约束的动态观察是指沿XY平面或Z轴约束的三维动态观察，调用该命令的方法有以下几种：

- 命令行：输入3DORBIT后按<Enter>键（快捷命令：3DO）；
- 菜单栏：单击"视图"→"动态观察"→"受约束的动态观察"；
- 单击右侧导航栏中的动态观察按钮下的倒三角形，再单击"动态观察"，如图6-1-3所示。

执行上述任意命令后，当绘图区中的光标变为 形状时，按住鼠标左键进行拖动，即可动态观察对象。

2. 自由动态观察

自由动态观察是指不参照平面，在任意方向上进行动态观察，调用该命令的方法有以下

项目6 AutoCAD简单零件三维建模

几种：
- 命令行：输入3DFORBIT后按<Enter>键（快捷命令：3DF）；
- 菜单栏：单击"视图"→"动态观察"→"自由动态观察"；
- 单击右侧导航栏中的动态观察按钮下的倒三角形，再单击"自由动态观察"，参见图6-1-3。

执行上述任意命令后，绘图区中的光标将变为 形状，同时将显示一个导航球，如图6-1-4所示，它被小圆分为4个区域，用户拖动这个导航球便可以旋转视图。在绘图区中不同的位置单击并拖动，旋转的效果也会有所不同。

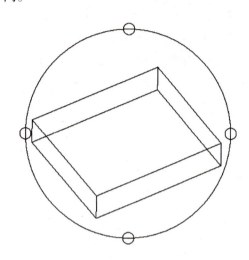

图6-1-3　导航栏中三维动态观察　　　　　图6-1-4　自由动态观察

3. 连续动态观察

该动态观察可以让系统自动进行连续动态观察，其设置方法主要有以下几种。
- 命令行：输入3DCORBIT后按<Enter>键（快捷命令：3DC）；
- 菜单栏：单击"视图"→"动态观察"→"连续动态观察"；
- 单击右侧导航栏中的动态观察按钮下的倒三角形，再单击"连续动态观察"，参见图6-1-3。

执行上述任意命令后，绘图区中的光标将变为 形状，在需要连续动态观察移动的方向上单击并拖动，使对象沿正在拖动的方向开始移动，然后释放鼠标，对象将在指定的方向上进行轨迹运动。

三、视觉样式

在绘制了三维图形后，可以为其设置视觉样式，以便更好地观察三维图形。AutoCAD提供了二维线框、三维线框、三维隐藏、真实和概念等多种视觉样式。利用视觉样式切换三维视图的方法有：
- 命令行：输入命令"VS"回车后在显示的快速菜单中进行切换，如图6-1-5所示；
- 菜单栏：通过"视图"下拉菜单栏中"视觉样式"子菜单进行切换，如图6-1-6所示；
- 控件：通过工作空间左上角视觉样式控件进行切换，如图6-1-7所示；

- 功能面板：通过功能面板上"视图"标签中二维线框左侧小箭头进行切换，如图6-1-8所示。

图6-1-5　视觉样式快捷菜单　　　　　　图6-1-6　通过菜单栏切换视觉样式

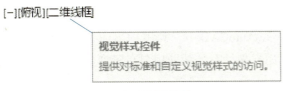

图6-1-7　视觉样式控件　　　　　　　　图6-1-8　功能面板视图标签

四、创建三维坐标系和用户自定义坐标系

1. 创建三维坐标系

在菜单栏中依次选择"视图"→"显示"→"UCS图标"→"特性"选项。如图6-1-9所示。在弹出的"UCS图标"对话框中，对坐标的图标颜色、大小以及线宽进行设置。如图6-1-10所示。

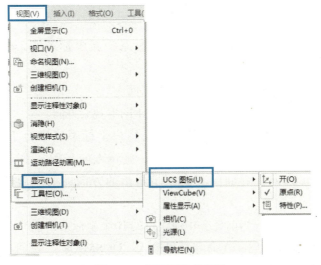

图6-1-9　视图下拉菜单栏

项目6　AutoCAD简单零件三维建模　　159

接着点击绘图区左上方的"俯视"按钮,选择"西南等轴测",如图6-1-11所示。

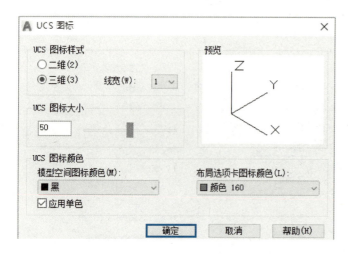

图6-1-10　UCS图标对话框

图6-1-11　自定义视图

2. 设置用户坐标系（UCS）的原点和方向

用户坐标系是CAD中可移动的坐标系。在AutoCAD中,利用UCS命令可以方便地移动坐标系的原点,改变坐标轴的方向,建立用户坐标系,帮助用户在三维或旋转视图中指定点。

当选择建立新的用户坐标系选项时,命令提示行为:

> 指定新 UCS 的原点或［Z 轴（ZA）/三点（3）/对象（OB）/面（F）/视图（V）/X/Y/Z］<0,0,0>:

各选项含义：

❖ 指定新UCS的原点：缺省选项,将坐标原点平移到用户指定的点上。

❖ Z轴：通过指定坐标原点和Z轴正半轴上的一点,建立新的用户坐标系。

❖ 三点：通过指定三个点建立用户坐标系。指定的第一点是坐标原点；第二点是X轴正方向上的一点；第三点是新的XY面内Y坐标大于零的任意一点。

❖ 对象：通过选择一个实体建立用户坐标系,新坐标系的Z轴与所选实体的Z轴相同。

❖ 面：使新建的用户坐标系平行于选择的平面。

❖ View：使新建的用户坐标系的XY面垂直于图形观察方向。

❖ 视图X/Y/Z：这三个选项功能是将当前用户坐标系绕平行于相应的X、Y、Z轴旋转一定的角度。绕指定轴旋转当前UCS时,旋转方向采用右手定则：将右手拇指指向旋转的坐标轴的正方向,卷曲的其余四指所指的方向即为正旋转方向,如图6-1-12所示。

UCS选项能够按顺序打开当前任务中使用过的10个坐标系,也可以在不用时删除它们。如果要对用户坐标系进行管理,在命令行里输入"UCSMAN",按回车,用户可以对当前UCS进行命名、保存、重命名等操作。

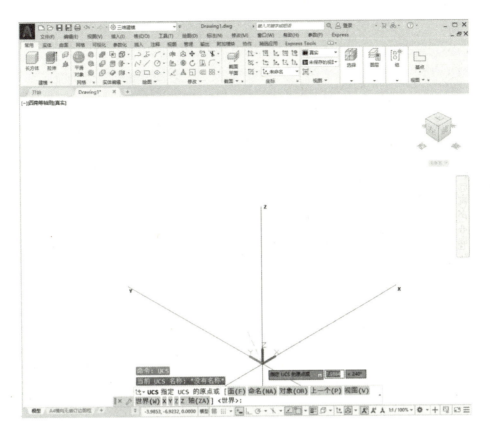

图6-1-12　自定义坐标系

五、基本实体的绘制

在AutoCAD三维空间中，可以绘制长方体、球体、圆柱体、楔体、圆锥体、圆环体等三维实体。三维实体的绘制方法有：

- 选择"绘图"菜单"建模"子菜单中的各子菜单项绘制，如图6-1-13所示。
- 使用功能面板中"常用"选项卡中"建模"工具面板绘制，如图6-1-14所示。
- 使用"实体"选项卡中"图元"工具面板绘制，如图6-1-15所示。

1. 绘制长方体

单击"建模"或"图元"选项卡中长方体按钮或在命令行输入"BOX"命令后回车。

在工作空间点击鼠标左键确定第一个角点后输入@100，50，30长方体的长、宽、高尺寸后回车。如图6-1-16所示。

2. 绘制圆柱体

单击"建模"或"图元"选项卡中圆柱体按钮或在命令行输入"CYL"命令后回车。

在工作空间点击鼠标左键确定圆柱体底面圆心后输入圆柱体半径或直径以及圆柱体高度后回车。如图6-1-17所示。

图6-1-13 "建模"子菜单项

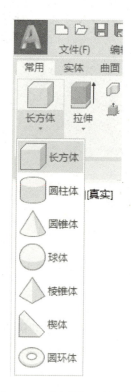

图6-1-14 "建模"工具面板

图6-1-15 "图元"工具面板

图6-1-16 绘制长方体

图6-1-17 绘制圆柱体

3. 绘制球体和圆锥体

点击"建模"工具面板中"球体"按钮，或在命令行中输入"SPH"命令回车后，指定球心和半径或直径即可绘制球体。如图6-1-18所示。

点击"建模"工具面板中"圆锥体"按钮，或在命令行中输入"CONE"命令回车后，指定圆锥体中心和底面半径或直径以及高度即可绘制圆锥体。如图6-1-19所示。

图 6-1-18　绘制球体　　　　　　　　　图 6-1-19　绘制圆锥体

六、布尔运算

布尔运算是对两个或两个以上的实体对象进行并集、差集、交集运算,从而获得新的形状更为复杂的实体。

1. 并集运算

并集运算主要是将多个实体相交或相接触的部分合在一起。如图 6-1-20 所示为球体和长方体并集为一个新的实体。

(a) 并集前为两个实体　　　　　　　　(b) 并集后成一个新的实体

图 6-1-20　实体并集运算图

2. 差集运算

差集运算是从一个或多个实体中减去一个或多个实体而生成一个新的实体。如图 6-1-21 所示为长方体减去球体后形成的新实体。

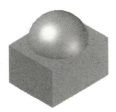

(a) 差集运算前　　　　　　　　　　　(b) 差集运算后

图 6-1-21　实体差集运算图

3. 交集运算

交集运算是将两个或多个实体的公共部分创建成一个新的实体。如图 6-1-22 所示为长方体和球体交集后形成新的实体。

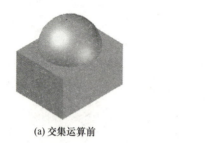

(a) 交集运算前　　　　　　　(b) 交集运算后

图 6-1-22　实体交集运算图

七、拉伸创建实体

拉伸建模是将二维对象沿某个方向矢量拉伸成实体。可拉伸二维封闭多段线、圆、椭圆、封闭样条曲线和面域。拉伸时，先绘制好要拉伸的对象并创建面域，然后可用以下两种方式拉伸：

- 命令行：输入 EXTRUDE 后按<Enter>键（快捷命令：EXT）；
- 功能区：在"常用"选项卡的"建模"面板中单击"拉长"按钮 。

执行上面任一种命令，选择要拉伸的对象后输入拉伸高度并回车，拉伸出所需实体或曲面。

提示

拉伸实体时拉伸对象一定要先合并为封闭对象或面域对象。

1. 拉伸非封闭对象

图 6-1-23 所示为拉伸非封闭对象效果图。

(a) 非封闭对象　　　　　(b) 拉伸后的曲面

图 6-1-23　拉伸非封闭对象效果

2. 拉伸封闭对象

（1）拉伸未合并的封闭图形

图 6-1-24 所示为多段线未经合并成整体或未创建面域拉伸后效果图。

（2）拉伸合并后的多段线

图 6-1-25 所示为多段线合并后拉伸的效果图。

(a) 未合并的多段线　　　　(b) 拉伸后为曲面

图 6-1-24　拉伸未合并的封闭图形效果

(a) 合并的多段线　　　　(b) 拉伸后为实体

图 6-1-25　拉伸合并的多段线效果

（3）拉伸面域对象

图 6-1-26 所示为拉伸经面域处理后的效果图。

(a) 面域对象　　　　(b) 拉伸后为实体

图 6-1-26　拉伸面域对象效果

拉伸命令有以下选项，各选项的含义为：
- ❖ 模式：设定拉伸是创建曲面还是实体。
- ❖ 直接输入拉伸高度：输入正值，沿 Z 轴正方向拉伸；反之往反方向拉伸。
- ❖ 方向：通过指定两点确定拉伸方向和距离。
- ❖ 路径：可以通过指定要作为拉伸的轮廓路径或形状路径的对象来创建实体或曲面。拉伸对象始于轮廓所在的平面，止于在路径端点处与路径垂直的平面。
- ❖ 倾斜角：定义要求成一定倾斜角的零件。

任务实施单

方法步骤	图示
步骤1　切换三维工作空间 如图6-1-27（a）所示，按住 Shift+鼠标中键移动鼠标，再将视觉样式调整为真实或灰度，即可将二维工作空间切换到三维工作空间	 图6-1-27（a）
步骤2　绘制圆柱体、并集运算 输入 CYL 命令绘制半径为40、长度为140（水平方向）和80（垂直方向）的圆柱体，后并集。再次输入 CYL 命令绘制半径为45、长度为120（水平方向）和70（垂直方向）的圆柱，如图6-1-27（b）所示	　　　　 半径为40的圆柱　　　　半径为40、45的圆柱 图6-1-27（b）
步骤3　移动圆柱体合二为一 绘制半径为55、长度为10的3个圆柱，输入 M 命令，将半径为55的圆柱按照图中位置移动到相应位置形成新的实体，如图6-1-27（c）所示	 图6-1-27（c）
步骤4　差集运算 用 SU 命令将并集后的半径为45的大圆柱整体和半径为40的小圆柱整体进行差集运算，最后倒半径为3的圆角，如图6-1-27（d）所示	 图6-1-27（d）

强化训练

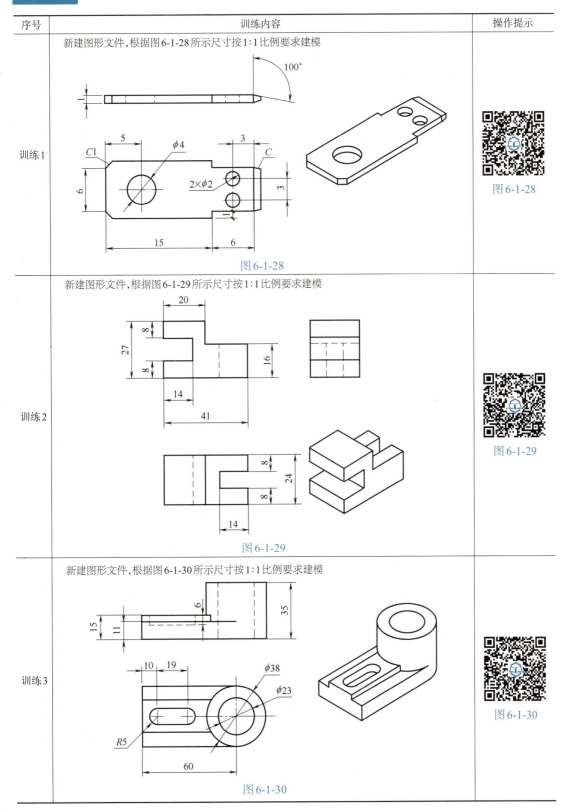

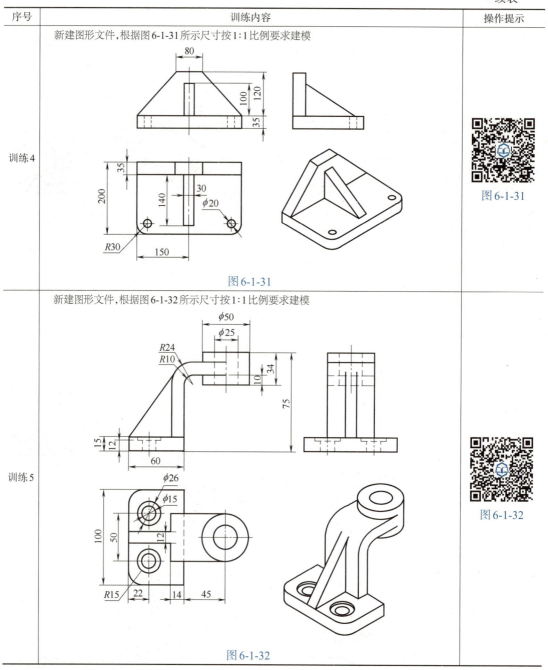

任务2　茶 壶 建 模

学习任务单

任务名称	茶壶建模	
任务描述	完成如图6-2-1所示茶壶实体建模  图6-2-1　茶壶实体模型图	操作提示
任务分析	主要的操作有：面域、旋转创建实体、放样创建实体、用户坐标系	

> 知识链接

一、创建面域

面域的主要作用是将多个对象组成的封闭区转变成一个整体。创建面域的方法主要有：

- 功能区：在"常用"选项卡的"绘图"面板中单击"面域"按钮 ；
- 菜单栏：执行"绘图"→"面域"；
- 命令行：输入 REGION 后按<Enter>键（快捷命令：REG）；
- 命令行：输入 BOUNDARY 后按<Enter>键（快捷命令 BO）。

输入"BO"后回车，出现边界创建对话框，如图 6-2-2 所示，单击"拾起点"后去点击要创建面域对象的内部区域。

图 6-2-2 边界创建对话框

二、旋转创建实体

旋转创建实体主要有以下两种方法：

- 命令行：输入 REVOLVE 后按<Enter>键（快捷命令：REV）；
- 功能区：在"常用"选项卡的"绘图"面板中单击"旋转"按钮 。

通过以上任一种方式启动"旋转"命令，可将二维对象绕旋转轴旋转一圈生成实体或曲面。旋转对象可以是封闭的也可以是开放的。若将多个对象组成的封闭区域直接旋转建模，则旋转出来为曲面对象（空心），如图 6-2-3 所示。如果将多个对象组成的封闭区域先创建面域再旋转建模，则旋转出来为实体对象（实心），如图 6-2-3 所示。三维对象、包含在块中的对象、有交叉或自干涉的多段线不能被旋转。

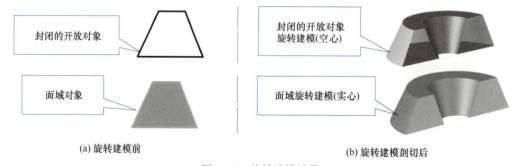

(a) 旋转建模前　　　　　　　　　　　(b) 旋转建模剖切后

图 6-2-3 旋转建模效果

> **提示**
>
> 要创建非曲面实体，一定要先将开放对象创建面域后再旋转建模。旋转建模实体操作步骤：绘制二维对象→创建面域→使用"旋转"命令创建实体。

三、放样创建实体

放样是通过指定一系列横截面来创建新的实体或曲面。放样创建实体的方法有以下两种方式：
- 命令行：输入LOFT后按<Enter>；
- 功能区：在"常用"选项卡的"绘图"面板中单击"放样"按钮 。

通过以上任一种方式启动"放样"命令，在选定的两个或多个横截面之间的空间内绘制实体或曲面（截面应依次选取）。

放样选项中有导向、路径、仅横截面三种。各自的用处如下：

❖ 导向（G）：指定控制放样实体或曲面形状的导向曲线。导向曲线是直线或曲线，可通过将其他线框信息添加至对象来进一步定义实体或曲面的形状。如图6-2-4（a）和（b）所示。

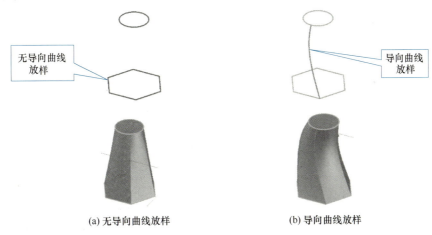

图 6-2-4　导向

❖ 路径（P）：按照路径对截面进行放样。如图6-2-5（a）、（b）所示。

图 6-2-5　路径放样

❖ 仅横截面（C）：无导向曲线和路径时的放样即为仅横截面放样模式。

任务实施单

方法步骤	图示
步骤1 打开样板文件,切换到三维空间,将视图切换到前视,绘制茶壶的中心线和壶身曲线,中心线长度为125mm	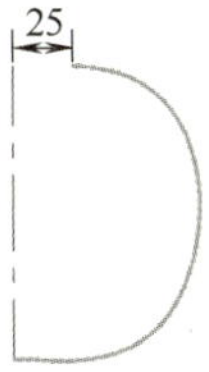 图6-2-6(a) 茶壶中心线和壶身曲线
步骤2 用"REV"命令旋转建模创建壶身曲面,再用加厚命令将壶身加厚3mm	 图6-2-6(b) 壶身建模
步骤3 绘制壶嘴形状曲线和半径为5mm和8mm的同心圆,用于"OLFT"路径放样建模	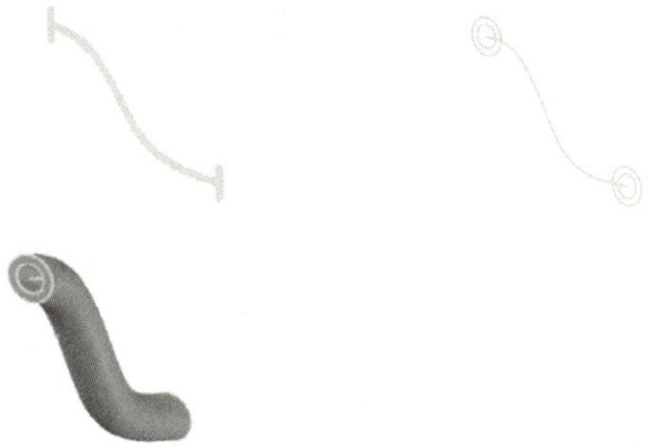 图6-2-6(c) 壶嘴形状曲线
步骤4 用"SPL"命令绘制壶把形状曲线和长轴半径为8mm、短轴半径为5mm的横截面椭圆,再用"SWEEP"扫掠建模。注意:绘制的壶把曲线两端要伸进壶身曲线一定距离,并且在绘制椭圆前将UCS坐标的*XY*面调整为垂直于曲线端部	图6-2-6(d) 壶把形状曲线
步骤5 用直线和"SPL"命令绘制壶盖曲线。创建面域后用"REV"命令旋转建模	 图6-2-6(e) 壶盖形状曲线

续表

方法步骤	图示
步骤6 最后形成整体	 图6-2-6（f） 茶壶

强化训练

序号	训练内容	操作提示
训练1	新建图形文件,根据图6-2-7所示尺寸按1:1比例要求建模 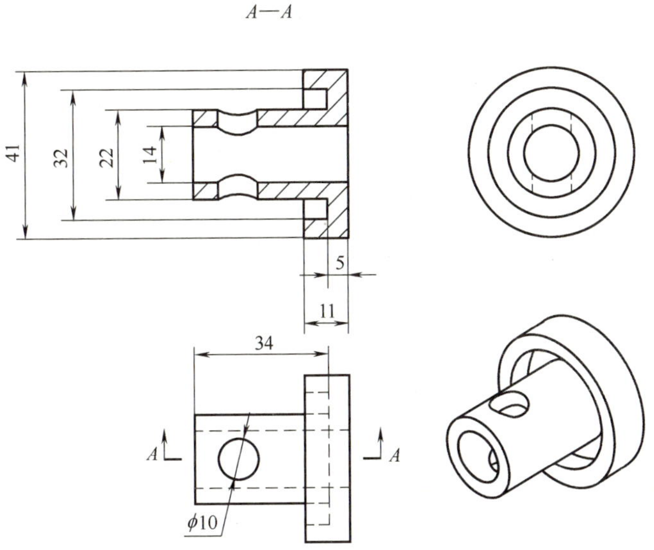 图 6-2-7	图 6-2-7
训练2	新建图形文件,根据图6-2-8所示尺寸按1:1比例要求建模 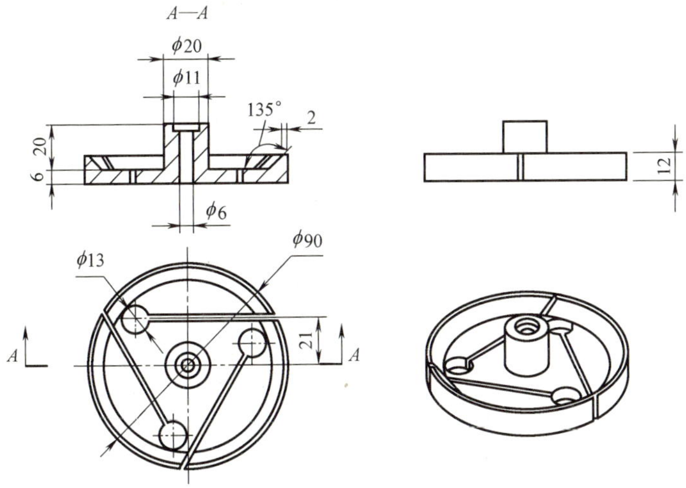 图 6-2-8	图 6-2-8

项目6 AutoCAD简单零件三维建模

序号	训练内容	操作提示
训练3	新建图形文件,根据图6-2-9所示尺寸按1:1比例要求建模 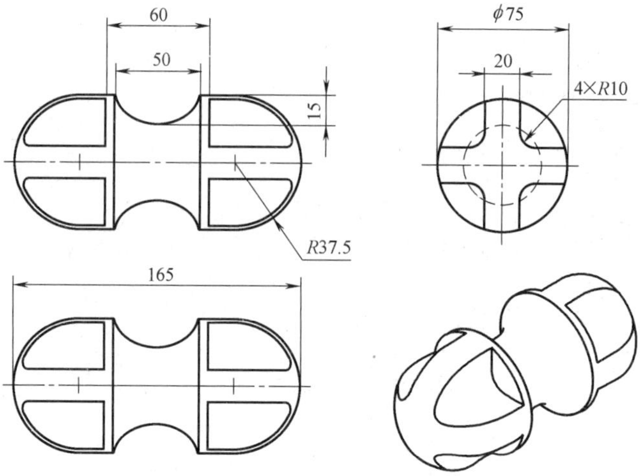 图 6-2-9	图 6-2-9
训练4	新建图形文件,根据图6-2-10所示尺寸按1:1比例要求建模 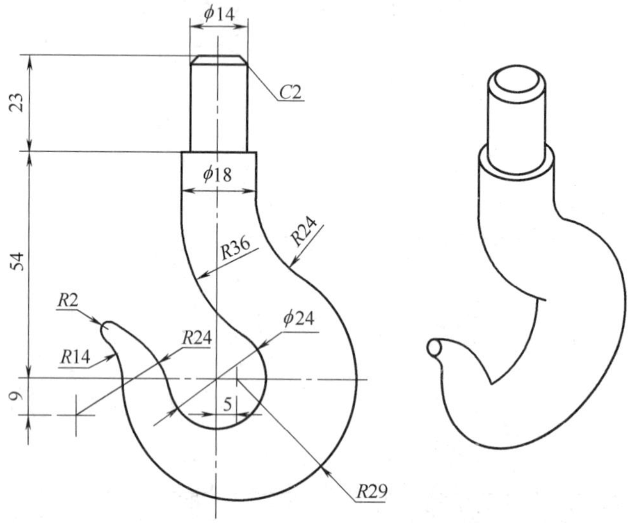 图 6-2-10	图 6-2-10

任务3 弯头建模

学习任务单

任务名称	焊接弯头建模
任务描述	完成如图6-3-1所示焊接弯头实体建模 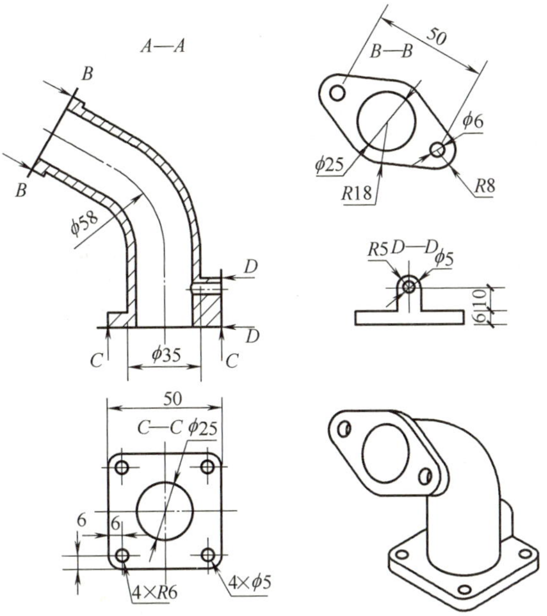 图6-3-1 焊接弯头 操作提示
任务分析	主要的操作有:扫掠创建实体、面域、拉伸创建实体

项目6 AutoCAD简单零件三维建模

> 知识链接

一、扫掠创建实体

扫掠建模是通过沿指定路径延伸轮廓形状（被扫掠的对象）来创建实体或曲面。建模时需要两个条件：一是扫掠的路径；二是要扫掠的对象。可以扫掠在同一平面内的多个对象。扫掠时，先绘制扫掠对象和扫掠路径，然后可通过以下两种方法进行扫掠创建实体：

- 命令行：输入SWEEP后按<Enter>键（快捷命令：SW）；
- 功能区：在"常用"选项卡的"建模"面板中单击"扫掠"按钮 。

采用以上任一种方式执行扫掠命令的，先选择扫掠对象，回车后再选择扫掠路径完成扫掠。如图6-3-2（a）、（b）所示。

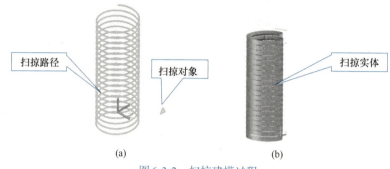

图6-3-2　扫掠建模过程

> **提示**
>
> 沿路径扫掠轮廓时，轮廓将被移动并与路径垂直对齐。开放轮廓可创建曲面，而闭合曲线可创建实体或曲面。

扫掠对象时，可以指定以下任意一个选项：

❖ 模式：设定扫掠是创建曲面还是实体。

❖ 对齐：如果轮廓与扫掠路径不在同一平面上，指定轮廓与扫掠路径对齐的方式。如图6-3-3所示。

❖ 基点：在轮廓上指定基点，以便沿轮廓进行扫掠。

❖ 比例：指定从开始扫掠到结束扫掠将更改对象大小的值，如图6-3-4所示。输入数学表达式可以约束对象缩放。

❖ 扭曲：通过输入扭曲角度，对象可以沿轮廓长度进行旋转，如图6-3-5所示。输入数学表达式可以约束对象的扭曲角度。

二、实体倒角

实体倒角的命令可以用二维编辑命令中"倒角"命令（CHA）和三维实体编辑中"倒

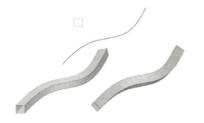  

图6-3-3　对齐拉伸　　　　图6-3-4　比例拉伸　　　　图6-3-5　扭曲拉伸

角"命令（CHAMFEREDGE）进行。该命令可以用于实体上任何一条边的倒角，在两相邻面之间形成一个平面过渡。如图6-3-6所示。

启动命令的方法有：

- 命令行：输入二维倒角命令CHAMFER后按<Enter>键（快捷命令：CHA）；
- 菜单栏：执行"修改"→"倒角"；
- 命令行：输入三维倒角命令"CHAMFEREDGE"；
- 功能区：在"实体"选项卡的"实体编辑"面板中单击"倒角"按钮。

以上执行倒角命令的过程基本相同。如输入"CHA"命令回车选择要倒角的边后，如图6-3-6（a）所示，选择"当前"选项后输入倒角距离选择边，如图6-3-6（b）所示，回车两次完成倒角，如图6-3-6（c）所示。

(a) 选择要倒角的边　　　(b) 输入倒角距离选择边　　　(c) 回车两次完成倒角

图6-3-6　对实体倒角

三、实体圆角

实体圆角可以采用二维编辑命令中"圆角"命令（F），也可以采用三维编辑命令中的实体倒圆角命令（FILLETEDGE）进行，使相邻面之间形成圆滑曲面过渡。如图6-3-7所示。

启动命令的方法有：

- 命令行：输入二维圆角命令FILLET后按<Enter>键（快捷命令：F）；
- 菜单栏：执行"修改"→"圆角"命令；
- 命令行：输入三维倒角命令FILLETEDGE；
- 功能区：在"实体"选项卡的"实体编辑"面板中单击"圆角"按钮。

以上执行圆角命令的过程基本相同。如输入"F"回车，选择要倒圆角的边，如图6-3-7（a）所示，输入圆角半径后回车两次完成倒圆角操作，如图6-3-7（b）所示。

项目6　AutoCAD简单零件三维建模

(a) 选择要倒圆角的边　　　　　　(b) 回车两次完成倒圆角

图 6-3-7　对实体圆角

四、三维对齐

三维对齐可以选定三个对齐点将实体与其他对象对齐，一次完成实体的定位。在三维建模环境中，可使用二维编辑中的对齐命令（"AL"）和三维编辑中的对齐命令（"3AL"）对齐三维对象，从而获得精准的定位效果。这两种对齐命令都可以实现模型的对齐操作，但选取顺序有所不同。三维对齐工具，与二维的"对齐"不一样，它能通过帮源对象或者目标对象指定一个、二个或者三个点，使对象进行移动或者旋转的操作，让三维空间里的源跟目标的基点、X 轴、Y 轴进行对齐。此外，三维对齐工具还能够配合动态 UCS，能够动态地拖动要对齐的对象并让它对齐实体对象的面。调用三维对齐命令的方法有如下几种：

● 命令行：输入命令 3DALIGN 后按 <Enter> 键（快捷命令：3AL）；

● 菜单栏：执行"修改"→"三维操作"→"三维对齐"命令，如图 6-3-8 所示。

执行该命令即可进入三维对齐模式，执行三维对齐操作与二维对齐操作的不同之处在于执行三维对齐操作时，先在源对象上指定 1 个、2 个或 3 个点用以确定源平面，然后在目标对象上指定 1 个、2 个或 3 个点用以确定目标平面，从而实现模型与模型之间的对齐。

图 6-3-8　三维对齐命令的调用

三维对齐命令结果如图 6-3-9 所示。

图 6-3-9　三维对齐命令结果

五、三维阵列

三维阵列命令可以在三维空间中生成三维矩形或环形阵列。它跟二维里的"阵列"功能相像，但它比二维阵列多了Z轴高度方向的阵列层数。启用三维阵列命令的方法有如下几种：

- 命令行：输入命令3DARRAY后按<Enter>键（快捷命令：3DAR）；
- 菜单栏：执行"修改"→"三维操作"→"三维阵列"命令，如图6-3-10所示。

六、三维旋转

启用三维旋转命令的方法有如下几种：

- 命令行：输入命令ROTATE3D后按<Enter>键（快捷命令：3DRO）；
- 菜单栏：执行"修改"→"三维操作"→"三维旋转"命令，如图6-3-11所示。

图6-3-10　三维阵列命令的调用　　　　图6-3-11　三维旋转命令的调用

项目6　AutoCAD简单零件三维建模　183

通过以上方法执行该命令，即可启动三维旋转命令，在绘图区选择需要旋转的对象，此时绘图区出现旋转控件，该控件由3种颜色的圆环组成（红色代表 X 轴，绿色代表 Y 轴，蓝色代表 Z 轴），在绘图区指定一点为旋转基点，旋转控件将其移动至该基点，然后单击一根旋转轴（根据需要选择 X 轴、Y 轴或者 Z 轴），再输入旋转角度后回车即可完成三维实体的旋转。如图 6-3-12 所示。

七、三维镜像

三维镜像，能够创建出跟选定的平面对称的三维镜像模型。它跟二维里的"镜像"功能相像，差别在于三维镜像是选择了镜像的对称面而非镜像的对称线。启动三维镜像命令的方法有如下几种：

- 命令行：输入命令 MIRROR3D 后按<Enter>键（快捷命令：3DMI）；
- 菜单栏：执行"修改"→"三维操作"→"三维镜像"命令，如图 6-3-13 所示。

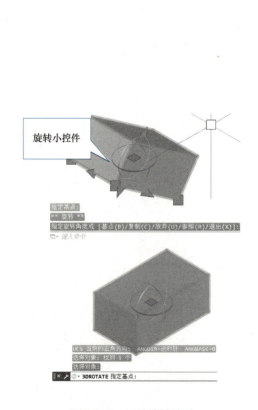

图 6-3-12　三维旋转效果　　　　　图 6-3-13　三维镜像命令的调用

二维镜像与三维镜像的区别：

二维镜像针对的是一根直线镜像，三维镜像针对的是一个面镜像。这时，命令行会提示选择镜像面的方式，可输入"3"，意思就是通过手动指定3个点来确定一个面。也可输入"zx"，zx代表z轴和x轴所指定的一系列平面，这个时候，只需再指定一点即可完成镜像。

任务实施单

方法步骤	图示	
步骤1 绘制弯管中心线，作为路径。绘制直径为 $\phi25$ 和 $\phi32$ 的同心圆，创建面域后进行差集运算。如图6-3-14(a)所示	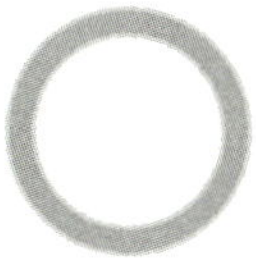 图6-3-14（a）	
步骤2 用"SWEEP"扫掠命令进行筒身建模。如图6-3-14(b)所示	 图6-3-14（b）	
步骤3 绘制底部截面后进行面域和差集运算，再拉伸出实体。如图6-3-14(c)所示。将底部零件移动到弯管底部圆心对齐。如图6-3-14(d)所示	 图6-3-14（c） 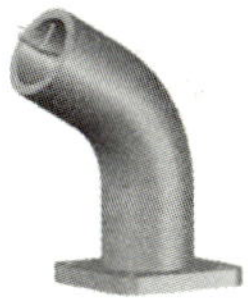	图6-3-14（d）
步骤4 调整UCS后绘制出顶部截面后创建面域，再进行差集运算。用SWEEP命令扫掠出实体。如图6-3-14(e)、(f)所示	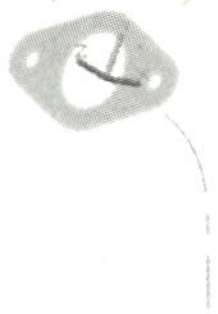 图6-3-14（e） 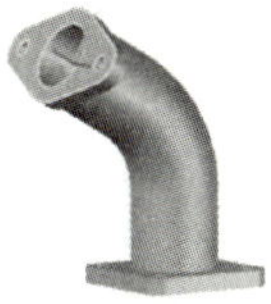	图6-3-14（f）
步骤5 将视图调整为右视，绘制右侧零件面域后拉伸出实体，最后进行差集运算完成实体建模，如图6-3-14(j)、(h)所示	 图6-3-14（g） 	图6-3-14（h）

强化训练

序号	训练内容	操作提示
训练1	新建图形文件,根据图6-3-15所示尺寸按1∶1比例要求建模 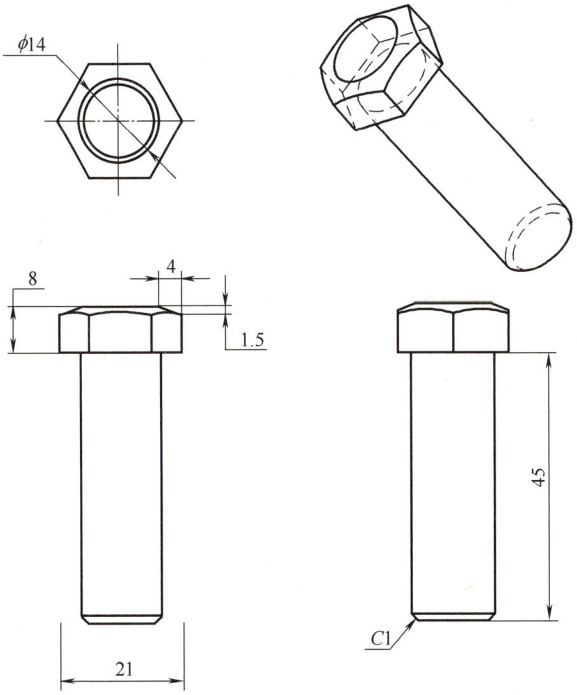 图 6-3-15	图 6-3-15
训练2	新建图形文件,根据图6-3-16所示尺寸按1∶1比例要求建模 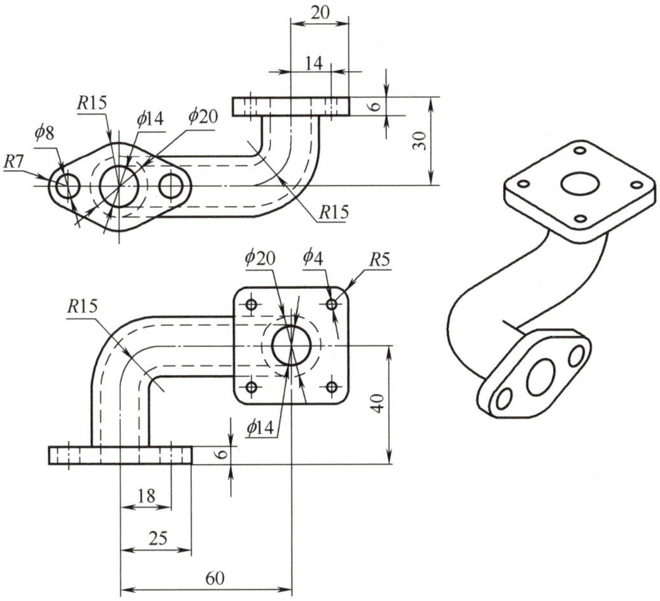 图 6-3-16	图 6-3-16

项目6　AutoCAD简单零件三维建模

序号	训练内容	操作提示
训练3	新建图形文件,根据图6-3-17所示尺寸按1:1比例要求建模 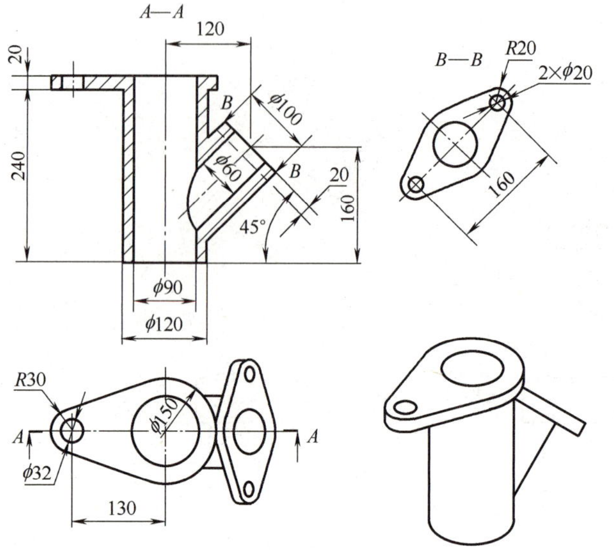 图 6-3-17	图 6-3-17
训练4	新建图形文件,根据图6-3-18所示尺寸按1:1比例要求建模 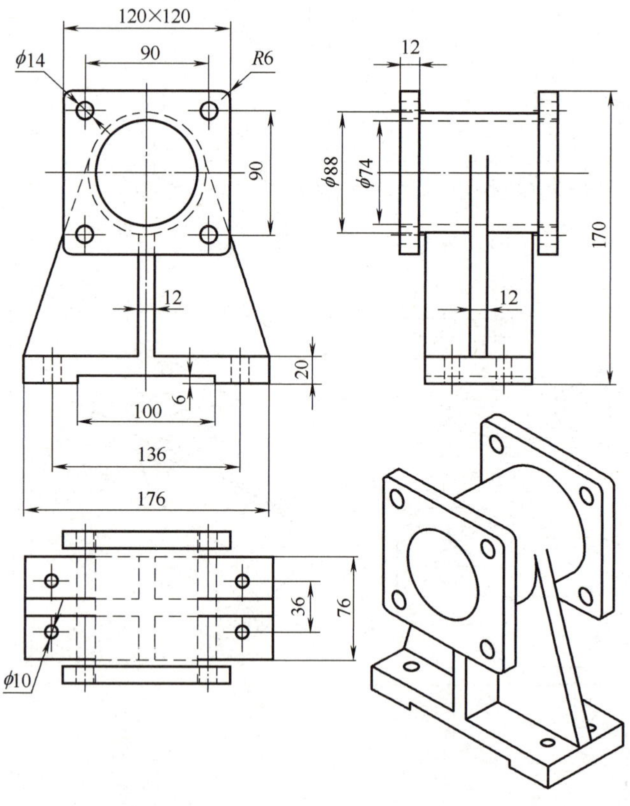 图 6-3-18	图 6-3-18

任务4　轴承座建模

学习任务单

操作提示

任务名称	轴承座建模
任务描述	新建图形文件,合理创建图限,按图6-4-1所示对轴承座进行建模并按图示要求完成模型的剖切 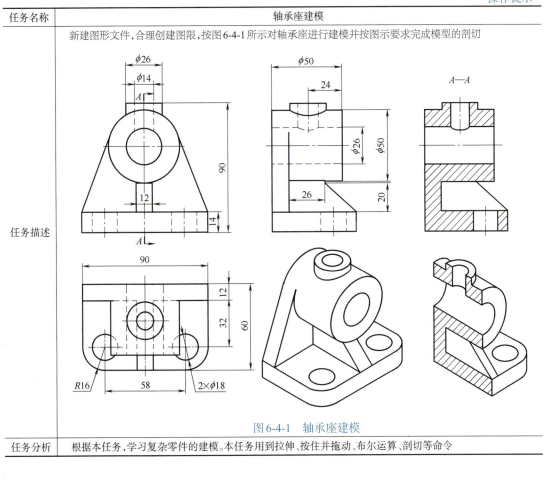图6-4-1　轴承座建模
任务分析	根据本任务,学习复杂零件的建模。本任务用到拉伸、按住并拖动、布尔运算、剖切等命令

> 知识链接

一、剖切

1. 启动剖切命令的方法

剖切是通过指定的平面对三维实体进行剖切，并从实体中提取剖面的操作。启用剖切命令的方法主要有：

- 命令行：输入命令SLICE后按<Enter>键（快捷命令：SL）；
- 菜单栏：执行"修改"→"三维操作"→"剖切"命令，如图6-4-2所示。

图6-4-2　三维剖切命令的调用

- 功能区：在"实体"选项卡的"实体编辑"面板中单击"剖切"按钮 。

2. 运行剖切命令的结果

运行剖切命令后提示：

SLICE选择要剖切的对象：

用鼠标单击要剖切的对象并按回车键<ENTER>后，继续提示：

SLICE指定切面的起点或［平面对象（O）曲面（S）z轴（Z）视图（V）xy（XY）yz（YZ）zx（ZX）三点（3）］<三点>：

默认为通过指定剖切面上的两点来确定剖切面对实体进行剖切（也可以通过选择轴、平面或者3点等方式），通过用鼠标单击两点确定剖切面后，继续提示：

在所需的侧面上指定点或［保留两个侧面（B）］<保留两个侧面>：

根据提示在要保留的一侧上单击鼠标，另一侧自动被删除。如图6-4-3（a）、（b）所示分别为剖切前后的效果图。此时如果直接按回车键<ENTER>，则两侧都被保留。

如图6-4-3（a）、（b）所示。

(a) 剖切前　　　　　　　(b) 剖切后

图6-4-3　剖切示意图

二、截面

截面，即在实体里创建出截平面的面域。主要是通过使用"SECTION"命令进行的。

在命令行里输入"SECTION"回车，再根据命令行出现的相应指示进行相应的操作，命令区提示如下：

> 选择对象：
> 指定截面上的第一个点，依照 ［对象（O）Z轴（Z）视图（V)/XY/（XY)YZ（YZ)/ZX（ZX)/三点（3）] <三点>：

如图6-4-4（a）、（b）所示。

(a) 使用截面命令前　　(b) 使用截面命令后

图6-4-4　截面示意图

启动截面功能，能够创建出实体沿着指定面切开之后一截面，而且切开面也是沿着指定的轴、平面或者三点进而确定的面。

三、截面平面

截面平面是通过"SECTIONPLANE"命令进行的，该命令能创建出截面的对象。在使用三维对象创建的时候，该命令能够帮助用户利用该对象查看模型内部细节。

① 可以点击工具选项板上的"常用"→"截面"→"截面平面"按钮开启截面平面的功能。

② 创建好截面的对象之后，可以通过移动和操作这个截面对象，调整所需要的截面视图。如图6-4-5所示。

③ 可以通过夹点编辑来改变截面的位置、方向以及形式。如图6-4-6所示。

图6-4-5　移动截面示意图　　　　图6-4-6　截面夹点示意图

④ 选定截面平面，再点击鼠标的右键，在显示出来的快捷菜单里，可以点击使用菜单里的特殊命令。如图6-4-7所示。

⑤ 选择"生成二维/三维截面"的命令操作，系统会弹出"生成截面/立面"对话框，如图6-4-8所示。

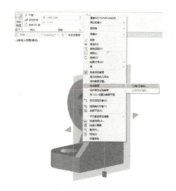

图6-4-7　截面快捷菜单示意图　　　　　图6-4-8　"生成截面/立面"对话框

⑥ 点击下方的"创建"按钮，再任意点击绘图界面上的一点，按回车键进行确认，即可以创建出二维的截面图形。如图6-4-9所示。

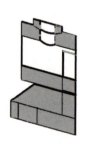

(a) 使用截平面命令前　　　　(b) 使用截平面命令后

图6-4-9　二维截面示意图　　　　图6-4-10　截平面使用示意图

启动截面命令后，根据命令行出现的相应指示进行相应的操作，命令区提示如下：

选择面或任意点以定位截面线或［绘制截面（D）/正交（O）］：
将截面对齐到：［前（F）后（A）顶部（B）左（L）右（R）］<顶部>：

如图6-4-10（a）、(b) 所示。

四、抽壳

抽壳实体是指在三维实体对象中创建具有指定厚度的壁。调用"抽壳"命令的方法主要有以下两种：

- 菜单栏：执行"修改"→"实体编辑"→"抽壳"命令。
- 命令行：输入命令SOLIDEDIT后按<Enter>。

执行上述命令后，具体操作过程如下（对图6-4-11所示圆柱体抽壳）：

命令：SOLIDEDIT　　　　　　　　　　　　（执行SOLIDEDIT命令）
选择三维实体：　　　　　　　　　（用鼠标选择要抽壳的三维实体）
删除面或 ［放弃（U）/添加（A）/全部（ALL）］：（用鼠标单击要删除的一个顶面并按回车键）
输入抽壳偏移距离：10　　　　　　（输入壳体厚度并按回车键）
［压印（I）/分割实体（P）/抽壳（S）/清除（L）/检查（C）/放弃（U）/退出（X）］<退出>：（按回车键）
输入实体编辑选项［面（F）/边（E）/体（B）/放弃（U）/退出（X）］<退出>：（按回车键）

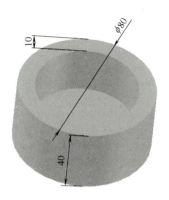

图6-4-11　对圆柱体抽壳

任务实施单

方法步骤	图示
步骤1 将视图切换到前视,绘制轴承座主视图轮廓,如图6-4-12(a)所示	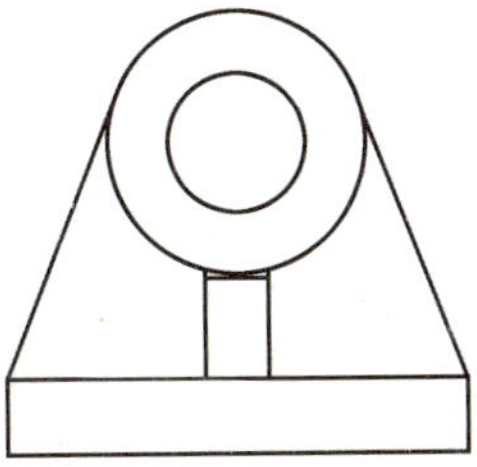 图6-4-12(a)
步骤2 将视图切换到西南等轴测,对轮廓封闭区域按住并拖动进行拉伸。拉伸后如图6-4-12(b)所示	 图6-4-12(b)
步骤3 用"SL"剖切命令斜切加强筋。底板进行倒圆角和打孔。如图6-4-12(c)所示	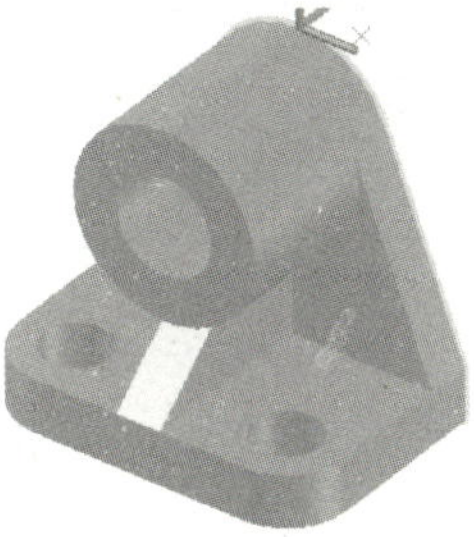 图6-4-12(c)
步骤4 调整UCS绘制顶部圆,然后按住并拖动进行拉伸。如图6-4-12(d)、(e)所示	 图6-4-12(d) 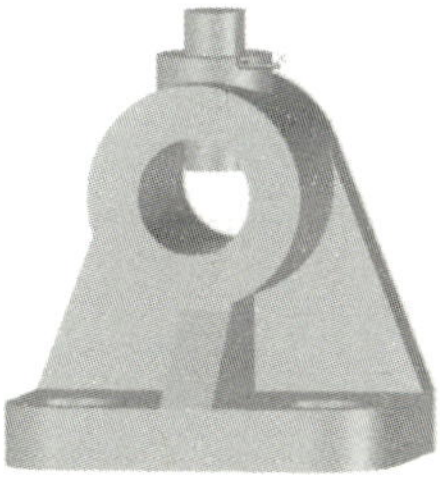　　　　图6-4-12(e)
步骤5 进行差集运算,完成建模,如图6-4-12(f)所示	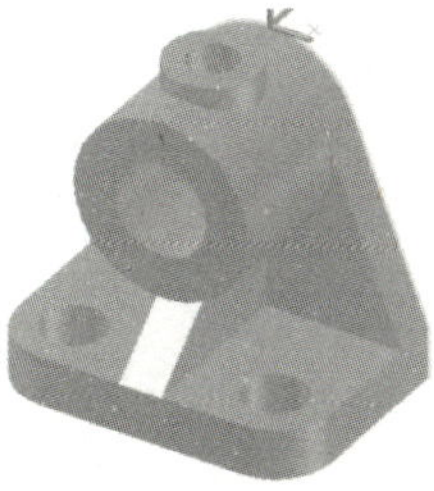 图6-4-12(f)

项目6　AutoCAD简单零件三维建模

方法步骤	图示
步骤6 剖切 输入 SL 命令回车后选择要剖切的对象,再点击 YZ 平面上的一点后可将模型剖成左右两半,删除左侧后可得到如图6-4-12(g)所示模型	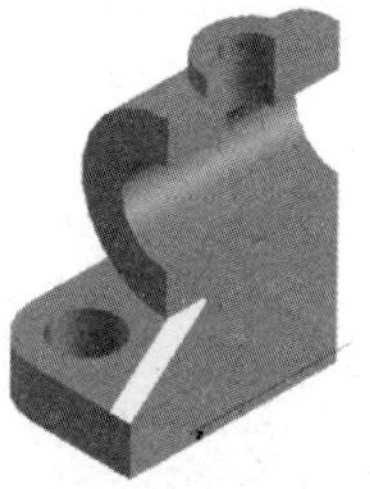 图6-4-12（g）

强化训练

序号	训练内容	操作提示
训练1	新建图形文件，根据图6-4-13所示尺寸按1:1比例建模 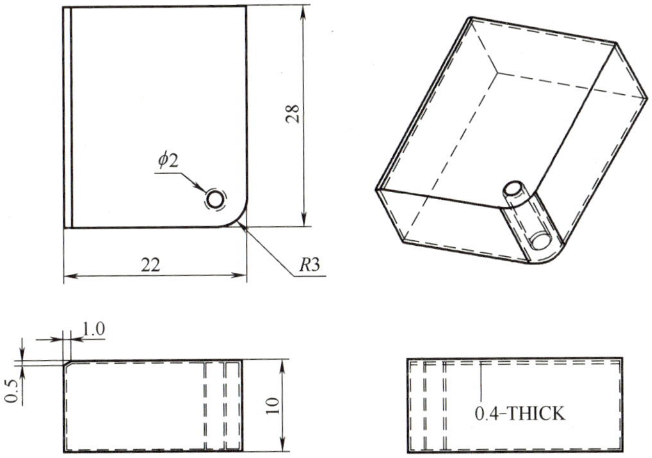 图6-4-13	图6-4-13
训练2	新建图形文件，根据图6-4-14所示尺寸按1:1比例建模 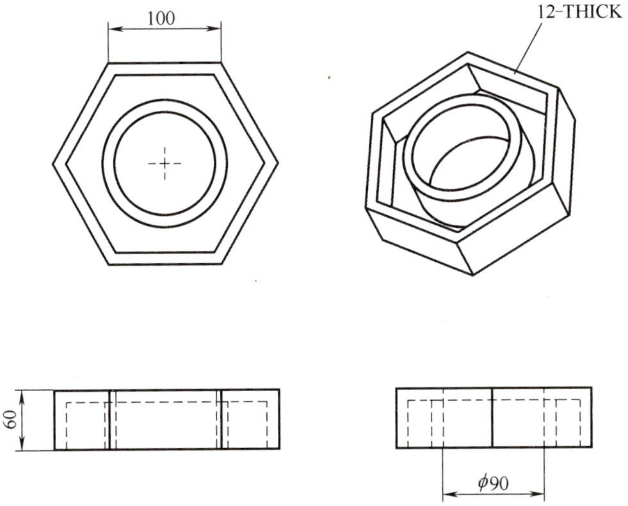 图6-4-14	图6-4-14

项目6　AutoCAD简单零件三维建模

续表

序号	训练内容	操作提示
训练3	新建图形文件,根据图6-4-15所示尺寸按1:1比例建模 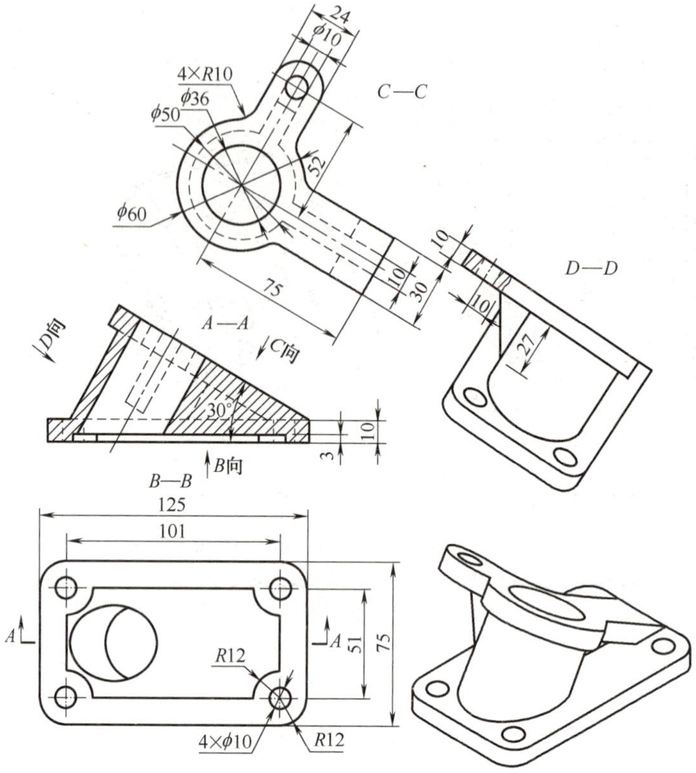 图6-4-15	图6-4-15

附录

附录A AutoCAD常用功能键与快捷键

常用功能键		常用快捷键	
功能键	功能	快捷键	功能
F1	获取帮助	CTRL+A	全选
F2	实现作图窗口和文本窗口的切换	CTRL+C	将选择对象复制到剪切板
F3	控制是否实现对象自动捕捉	CTRL+V	粘贴剪贴板上内容
F4	打开或关闭"数字化"仪制	CTRL+X	剪切所选择的内容
F5	等轴测平面切换	Ctrl+N	新建图形文件
F6	打开/关闭"坐标"模式	Ctrl+M	打开选项对话框
F7	打开/关闭"栅格"显示模式	Ctrl+O	打开图像文件
F8	打开/关闭"正交"模式	Ctrl+P	打开打印对话框
F9	打开/关闭"栅格捕捉"	Ctrl+S	保存文件
F10	打开/关闭"极轴追踪"	Ctrl+Y	重做
F11	打开/关闭"对象捕捉追踪"	Ctrl+Z	取消前一步的操作

附录B AutoCAD常用绘图命令

序号	命令名称	英文命令	快捷命令
1	直线	LINE	L
2	多线段	PLINE	PL
3	构造线	XLINE	XL
4	多线	MLINE	ML
5	射线	RAY	RAY
6	样条曲线	SPLINE	SPL
7	圆	CIRCLE	C
8	圆弧	ARE	A
9	圆环	DO	DO
10	椭圆	ELLIPSE	EL
11	矩形	RECTANG	REC
12	正多边形	RECTANG	POL
13	点	POINT	PO
14	图案填充	HATCH	H

续表

序号	命令名称	英文命令	快捷命令
15	面域	REGION	REG
16	定数等分	DIVIDE	DIV
17	定距等分	MEASURE	ME

附录C AutoCAD常用编辑命令

序号	中文名称	英文命令	快捷命令
1	删除	ERASE	E
2	复制	COPY	CO,CP
3	镜像	MIRROR	MI
4	偏移	OFFSET	O
5	阵列	ARRAY	AR
6	移动	MOVE	M
7	旋转	ROTATE	RO
8	缩放	SCALE	SC
9	延伸	EXTEND	EX
10	修剪	TRIM	TR
11	拉伸	STRETCH	S
12	拉长	LENGTHEN	LEN
13	打断	BREAK	BR
14	打断于点	BREAKATPOINT	
15	合并	JOIN	J
16	分解	EXPLODE	X
17	倒角	CHAMFER	CHA
18	圆角	FILLET	F
19	编辑多段线	PEDIT	PE
20	编辑图案填充	HATCHEDIT	HE
21	编辑样条曲线	SPLINEDIT	SPE
22	编辑阵列	ARRAYEDIT	

附录D AutoCAD常用注释命令

序号	中文名称	英文命令	快捷命令
1	单行文字	TEXT	DT
2	多行文字	MTEXT	T
3	线性标注	DIMLINEAR	DLI
4	对齐标注	DIMALIGNED	DAL
5	半径标注	DIMRADIUS	DRA
6	直径标注	DIMDIAMETER	DDI
7	角度标注	DIMANGULAR	DAN
8	连续标注	DIMCONTINUE	DCO
9	基线标注	DIMBASELINE	DBA
10	快速标注	QDIM	QD
11	形位公差	TOLERANCE	TOL

续表

序号	中文名称	英文命令	快捷命令
12	编辑标注	DIMEDIT	DED
13	快速引线	QLEADER	LE
14	多重引线	MLEADER	
15	标注样式	DIMSTYLE	D
16	创建表格	TABLE	

附录E AutoCAD图块操作命令

序号	中文名称	英文命令	快捷命令
1	创建块	BLOCK	B
2	创建外部块/写块	WBLOCK	W
3	定义属性	ATTDEF	ATT
4	块属性编辑	ATTEDIT	ATE
5	插入块	INSERT	I

附录F AutoCAD常用三维命令

序号	中文名称	英文命令	快捷命令
1	长方体	BOX	
2	球体	SPHERE	SPH
3	圆柱体	CYLINDER	CYL
4	圆锥体	CONE	
5	圆环体	TORUS	TOR
6	楔体	WEDGE	WE
7	棱锥体	PYRAMID	PYR
8	螺旋	HELIX	
9	多段体	POLYSOLID	PSOLID
10	三维移动	3DMOVE	3M
11	三维旋转	3DROTATE	3R
12	三维阵列	3DARRAY	3A
13	三维对齐	3DALIGN	3AL
14	三维镜像	MIRROR3D	
15	旋转二维对象为实体	REVOLVE	REV
16	拉伸二维对象成实体	EXTRUDE	EXT
17	扫掠	SWEEP	SW
18	放样	LOFT	
19	加厚	THICKEN	THI
20	受约束的动态观察	3DORBIT	3DO
21	自由动态观察	3DFORBIT	3DF
22	连续动态观察	3DCORBIT	3DC

附录G AutoCAD常用其他命令

序号	中文名称	英文命令	快捷命令
1	图形界限	LIMITS	

续表

序号	中文名称	英文命令	快捷命令
2	窗口缩放	ZOOM	Z
3	单位	UNITS	UN
4	创建图层	LAYER	LA
5	设置线型	LINETYPE	LT
6	设置线型比例	LTSCALE	LTS
7	设置线宽	LWEIGHT	LW
8	颜色控制	COLOR	COL
9	查询点坐标	ID	
10	查询距离	DIST	DI
11	布尔交集	INTERSECT	IN
12	布尔并集	UNION	UNI
13	布尔差集	SUBTRACT	SU

参 考 文 献

[1] 王玲珠. AutoCAD 2014机械制图实用教材 [M]. 北京：机械工业出版社，2014.
[2] 天工在线. AutoCAD 2018从入门到精通 [M]. 北京：中国水利水电出版社，2018.
[3] 雷焕平，吴昌松，陈兴奎. AutoCAD 2019循序渐进教程 [M]. 北京：北京希望电子出版社，2018.
[4] 王博，陈运胜. AutoCAD 2018机械制图实例教材 [M]. 北京：机械工业出版社，2018.
[5] 陈卫红. AutoCAD 2020项目教程 [M]. 北京：机械工业出版社，2020.